멘사 추리 퍼즐

2

Brain-Busting Lateral Thinking Puzzles
by Paul Sloane and Des MacHale

This book is comprised of material from Improve Your Lateral Thinking by Paul Sloane and Des MacHale © 1998 by Paul Sloane and Des MacHale and Ingenious Lateral Thinking Puzzles by Paul Sloane and Des MacHale © 1998 by Paul Sloane and Des MacHale.
All rights reserved.
This edition has been published by arrangement with Sterling Publishing Co., Inc., 387 Park Ave. S., New York, NY10016

Korean Translation Copyright © 2009 BONUS Publishing Co.
Korean edtion is published by arrangement with Sterling Publishing Co., Inc. through Corea Literary Agency, Seoul

이 책의 한국어판 저작권은 Corea 에이전시를 통한 Sterling Publishing Co., Inc.와의 독점계약으로 보누스출판사에 있습니다. 저작권법에 의해 보호를 받는 저작물이므로 무단전재 및 무단복제를 금합니다.

IQ 148을 위한

MENSA 멘사 추리 퍼즐 ② PUZZLE

멘사코리아 감수

폴 슬론 · 데스 맥헤일 지음

보누스

생각의 벽을 허무는 사고 훈련

라이트 형제가 비행기 연구를 시작했을 때 많은 지식인들이 손가락질을 하며 바보짓이라고 놀려댔다. 당시 사람들은 육중한 기계를 공중에 날리려는 시도가 황당하기 그지없는 일이라고 생각했다. 굴리엘모 마르코니가 영국에서 캐나다까지 무선통신을 시도했을 때에도 전문가들은 코웃음을 치기에 바빴다. 대부분의 사람들이 구형의 지구 위에서 전파를 휘게 만드는 것은 불가능하다고 생각했지만, 그가 보낸 전파는 결국 대서양을 건넜다.

문제를 새로운 시각으로 바라보고 접근하는 것, 이것이 바로 이 책의 목적이다. 언뜻 보면 비논리적이고 낯설기만 한 상황을 해명하는 과정에서 창의력과 추리력, 논리력이 길러진다. 이 책에 실린 문제들도 이러한 과정을 구현하는 데 초점을 맞췄다.

정답을 찾는 과정이 어렵고 힘들 수도 있다. 문제의 핵심을 꿰뚫는 가설을 세우고, 모든 단서를 종합해 문제의 상황을 파악해야만 비로소 이 책에서 제시한 정답을 찾을 수 있을 것이다.

이 책의 문제들은 모두 4단계의 난이도로 구성되어 있다. 또한 모든 문제마다 정답을 찾는 데 실마리가 되는 단서를 덧붙였다. 하지만 되도록이면 단서를 보지 않고 답을 찾아내길 바란다. 답을 맞히지 못했더라도 정답을 찾아가는 과정 자체를 재미있게 즐겼으면 한다. 편견에 얽매이지 않는 열린 사고방식으로 자기 나름의 가설을 세우고 정답을 추론해보라. 여기에 상상력이 더해지면 제아무리 비정상으로 보이는 상황일지라도 논리에 맞게 설명할 수 있을 것이다. 이러한 사고 훈련은 일상생활의 문제를 해결할 때도 적용할 수 있다.

여러분에게도 라이트 형제처럼 세상을 깜짝 놀라게 만들 기막힌 아이디어가 떠오르는 순간을 경험하길 바란다.

폴 슬론·데스 맥헤일

차례

일러두기

페이지 위쪽에 문제의 난이도를 별표 1~4개로 표시했습니다. 별표가 많아질수록 문제의 난이도가 높아집니다. 또한 아래쪽의 쪽 번호 옆에는 해결, 미해결을 표시할 수 있는 공간을 마련해두었습니다. 이 책의 해답란에 실린 내용 외에도 다양한 답이 있을 수 있음을 밝혀둡니다.

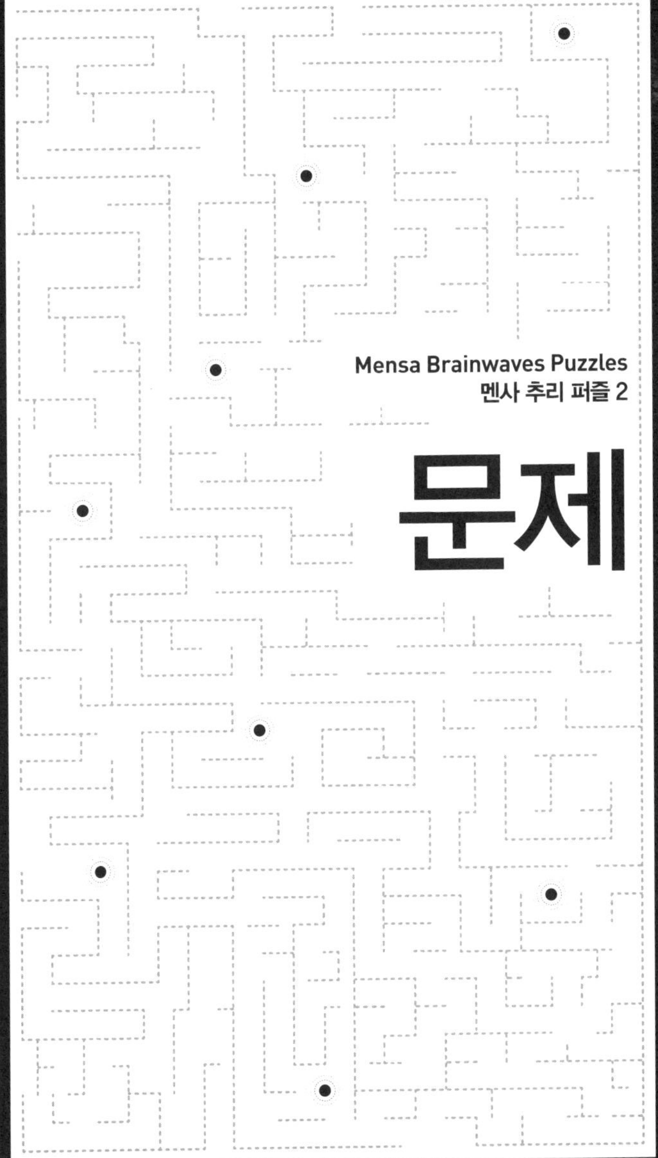

Mensa Brainwaves Puzzles

멘사 추리 퍼즐 2

문제

문제 001 이상한 독서

★☆☆☆

나는 어제 읽었던 책을 다시 한 번 색다른 방법으로 훑어봤다. 먼저 한 페이지를 넘긴 다음, 책을 180도 회전시켰다. 그 페이지가 끝나면 다시 180도 회전시킨 다음에 페이지를 넘겼고, 여기서 다시 한 번 180도 회전시켜서 다음 페이지로 이동했다. 나는 마지막 페이지에 도달할 때까지 같은 방법을 반복했다.

내가 무얼 하고 있었는지 맞혀보라.

| 단서 |

1. 책을 회전시킨 것은 그럴 만한 이유가 있었기 때문이다.
2. 이것은 특정한 조건이 갖춰진 장소에서만 할 수 있다.
3. 이것은 저작권자의 동의를 받아야만 할 수 있는 일이다.

답: 200쪽

문제 002 ★★★★

버스정류장

매일 아침마다 같은 버스를 타고 출근하는 여자가 있다. 버스정류장은 회사 건물까지 100미터를 남겨둔 지점과 회사 건물을 지나 200미터를 더 간 지점에 있다. 그런데 여자는 출근할 때 언제나 회사에서 200미터를 더 간 지점에 있는 버스정류장에서 내린 뒤 회사까지 걸어왔다.

가까운 버스정류장을 놔두고 왜 그랬을까?

| 단서 |

1. 200미터 떨어진 곳에 있는 정류장과 회사 사이에서 누군가를 만나기로 한 적은 없다. 이곳에서 특별히 볼일도 없었다. 게다가 여자는 운동을 싫어한다.
2. 퇴근할 때는 100미터 떨어진 곳에 있는 정류장으로 간다.
3. 여자는 출근할 때 100미터 거리의 정류장에서 걸어오는 것보다 200미터 거리의 정류장에서 걸어오는 편이 더 수월하다고 생각한다.

답: 200쪽

★★★☆

문제 003 꾀병의 이유

한 여학생이 멀쩡한 팔에 깁스를 했다. 신체 건강하고 다친 적도 없는 여학생이 왜 깁스를 했을까?

| 단서 |

1. 동정심을 유도하려고 깁스를 한 것은 아니다.
2. 깁스 안에 비밀스러운 물건을 숨기지 않았다.
3. 여학생은 중요한 일을 앞두고 있었다.
4. 여학생은 팔에 깁스를 하면 분명히 눈에 띌 거라고 생각했다.

답: 200쪽

★★☆☆

문제 004 제멋대로 배송하는 회사

미국 덴버에 있는 한 회사가 믿을 만한 유럽 업체에 물건을 주문했다. 미국 회사는 배송일자가 중요했기 때문에 정확한 날짜까지 기재하면서 지정일 배송을 요청했다. 그런데 어떻게 된 일인지 유럽에서는 한 번도 제날짜에 배송해주지 않았다. 적어도 한 달은 지나서 보내거나 심지어 주문 요청일보다 너무 앞당겨서 보내는 것이다. 왜 그랬을까?

| 단서 |

두 회사의 의사소통에 문제가 있었다. 두 회사 모두 정해진 규칙에 따라 정확히 기재한 주문서를 주고받았지만 이를 해석하는 부분에서 문제가 생겼다.

답: 200쪽

문제 **005** ★★★★

아버지는 알고 있다

한 십대 소년이 부모님이 외출한 사이 친구들을 불러 파티를 했다. 사춘기의 이 소년은 아버지가 아끼는 진을 병째 마셔버렸고, 술병을 물로 채운 뒤 제자리에 가져다놓았다. 그런데 집에 돌아온 아버지는 술병을 한 번 흘끗 보자마자 아들을 불러서 크게 호통을 쳤다.

아버지는 아들이 술을 마셨다는 사실을 어떻게 알았을까?

| 단서 |

1. 집에는 파티의 흔적이 전혀 남아 있지 않았으며, 소년의 상태를 봐서는 술을 마셨는지 알 수 없었다.
2. 술병이 있던 장소와 관련이 있다.
3. 아버지는 진토닉을 마실 때 얼음을 많이 넣지 않는다.

답: 200쪽

문제 006 ★★★★

펜타곤의 화장실

미국의 버지니아 주 알링턴에는 미 국방부 펜타곤이 위치해 있다. 그런데 펜타곤 건물 안에는 실제로 필요한 것보다 두 배나 많은 화장실이 있다고 한다.

그 이유는 무엇일까?

| 단서 |

1. 펜타곤에 근무하는 직원 수와는 관계가 없다.
2. 비밀은 펜타곤이 건립된 시기와 연관이 있다. 당시에는 별도의 화장실이 꼭 필요했기 때문이다.

답: 201쪽

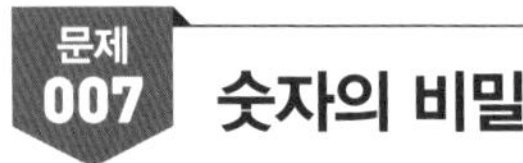

문제 007 숫자의 비밀

숫자 8549176320이 뜻하는 것은 무엇일까?

| 단서 |

1. 수학적인 계산은 필요 없다.
2. 각 숫자는 한 번씩만 쓰였다.
3. 숫자가 적힌 순서를 눈여겨보라.

8549176320

답: 201쪽

문제 008 ★★☆☆

영리한 우체부

우체부가 어떤 집 앞에서 잠시 생각에 잠겼다. 1.5미터 높이의 담장으로 둘러싸인 이 집은 정문을 통과해 들어가야만 현관 앞에 있는 우편함에 다가갈 수 있었다. 현관 앞 나무에는 사나운 개가 긴 줄에 묶여 있어서 그냥 들어갔다가는 개에게 물릴 게 뻔했다. 그러나 우체부는 사납게 짖어대는 개를 따돌리고 무사히 우편함에 편지를 넣고 나왔다.

그는 어떤 방법을 썼을까?

| 단서 |

우체부는 개를 따돌리기 위해 자기 자신을 미끼로 썼으며, 다른 도구는 사용하지 않았다.

답: 201쪽

문제 009 ★★★★

잘못 산 카펫

한 남자가 거실에 깔 카펫을 사기 위해 카펫 가게로 갔다. 어림짐작으로는 가로세로 90×160센티미터면 충분할 줄 알았는데 집에 와서 깔아보니 바닥 넓이가 120×120센티미터였다. 낭패라는 생각에 곧장 카펫 가게로 달려갔더니, 이 카펫을 한 번만 자르면 거실에 맞춰서 쓸 수 있다는 것이다.

어떻게 잘라야 할까?

| 단서 |

1. 카펫은 한 번만 자르면 되지만, 일직선으로 자르면 안 된다.
2. 카펫을 제대로 자르면 가로세로 90×160도 되고, 120×120도 된다.
3. 계단에 쓸 카펫은 아니지만 계단식으로 생각하면 도움이 될 것이다.

90cm

160cm

답: 201쪽

★★★☆

문제 010 비서의 실수

비서가 휴가를 떠나면서 어떤 물건을 무심코 들고 가버렸다. 사장은 비서에게 즉시 물건을 돌려보내라고 연락했고, 사장의 연락을 받은 비서는 곧바로 물건을 보냈다. 그러나 비서는 회사에 돌아오자마자 해고되었다.

왜 그랬을까?

| 단서 |

1. 비서가 가져간 것은 열쇠였다. 비서는 사장의 연락을 받자마자 우편으로 열쇠를 보냈다.
2. 비서가 해고된 이유는 열쇠를 우편으로 보냈기 때문이다.

답: 202쪽

★★★☆

문제 011 읽을 수 없는 책

한 남자가 서점에 가서 읽지도 못하는 외국어로 된 책을 샀다. 왜 그랬을까?

| 단서 |

1. 책 속에 있는 그림이나 디자인 때문에 책을 산 것은 아니다.
2. 남자는 그 책을 읽을 생각이 없으며 해당 외국어를 배울 계획도 없다.
3. 남자는 책을 살 수 있어서 몹시 기뻤으며, 이 책을 친구들에게 보여주고 싶었다.

답: 202쪽

문제 012 ★★★☆

살바도르 달리의 동생

살바도르 달리가 사망한 뒤에 그의 동생이 초현실주의 화가로 명성을 얻었다는 사실을 알고 있는가?

살바도르 달리의 동생은 천재로 불리며 대단한 성공을 거뒀다. 동생의 이름 또한 달리였으며, 그는 자신의 이름을 바꾸지 않았다. 그러나 오늘날 대부분의 사람들은 살바도르 달리에게 형제가 있었다는 사실조차 모르는 경우가 많다.

어째서일까?

| 단서 |

1. 살바도르 달리는 천재적인 초현실주의 화가로 잘 알려진 사람이다.
2. 살바도르 달리의 동생은 뛰어난 초현실주의 화가였지만, 형은 이 사실을 알지 못했다.
3. 두 형제 사이에 중요한 연결고리가 있으며, 흔히 있는 일은 아니다.

답: 202쪽

주식중개인

★★☆☆

한 주식중개인이 맞지도 않는 주가 예측 보고서를 많은 사람들에게 계속 보냈다.

왜 그랬을까?

| 단서 |

중개인은 주가 예측 보고서를 수없이 보냈지만 적중률은 높지 않았다.

답: 202쪽

★★★☆

문제 014 펜타곤의 비상사태

냉전이 한창이던 어느 날, 미국 국방부 펜타곤에서 젊은 장교가 상관에게 다음과 같은 내용을 보고했다.

"현재 소련과 미국의 미사일이 모스크바와 뉴욕에서 양쪽을 향해 동시에 발사될 경우 저희 미사일이 소련에 도착하기 전에 소련의 미사일이 먼저 도착할 것으로 보입니다."

그러자 상관이 물었다. "소련 미사일이 성능이 더 좋은가?"

"아닙니다. 미사일의 속도나 중량, 폭발력은 모두 똑같습니다."

"그럼 발사 거리가 다른가?"

"그것도 아닙니다. 거리는 똑같습니다."

"그렇다면 대체 우리 미사일이 더 느린 이유가 뭐란 말인가?"

왜 미국의 미사일이 더 느릴까?

| 단서 |

1. 미사일 기술이나 로켓 디자인, 풍향, 날씨와는 아무런 상관이 없다.
2. 모스크바는 러시아의 북서부에, 뉴욕은 미국 북동부에 위치해 있다. 만약 알래스카(미국의 북서부)와 블라디보스토크(러시아의 동부)에서 양쪽을 향해 동시에 미사일을 발사하면 알래스카에서 발사한 미사일이 더 빨리 도착할 것이다.

답: 203쪽

문제 015 792의 차이

792의 차이로 인해 죽음을 맞은 남자가 있다. 남자에게 어떤 일이 있었던 걸까?

| 단서 |

1. 남자가 선택한 숫자 때문에 792라는 차이가 생겼다.
2. 남자는 자신의 집에 있지 않았다.
3. 남자는 어떤 숫자가 맞는지 몰랐다.

? - ? = 792

답: 203쪽

문제 016 ★★★★

무사통과

내가 사는 도시에서는 출퇴근 시 대중교통을 이용할 때 정기 승차권과 일회용 승차권을 모두 사용할 수 있다. 오늘도 지하철역에는 많은 사람들이 승차권을 사려고 길게 줄을 서 있고, 승차권이 있는 사람은 줄을 서지 않고 바로 개찰구를 통과해서 들어갔다. 하지만 나는 승차권이 없는데도 줄을 서지 않고 바로 개찰구를 통과했다.

어떻게 이런 일이 가능했을까?

| 단서 |

1. 나는 지하철역에서 근무하는 사람이 아니다.
2. 다른 사람들도 나처럼 기다리지 않고 개찰구를 통과할 수 있다.
3. 나는 지하철을 탈 때마다 일회용 승차권을 구매한다.

답: 203쪽

문제 017 ★★☆☆

사라진 돈

어떤 남자가 뉴욕 은행 현금지급기에서 200달러를 인출해 바지 뒷주머니 깊숙이 넣었다. 남자는 그중에서 30달러를 쓰고 나머지를 다시 바지 뒷주머니에 넣어두었다.

그런데 이튿날 바지 뒷주머니에 손을 넣어보니 달랑 5달러밖에 남아 있지 않았다. 돈을 잃어버린 적도, 강도에게 뺏긴 적도 없는데 돈이 어디로 사라진 걸까?

| 단서 |

1. 다른 사람이 돈을 가져간 것은 아니다.
2. 돈을 인출한 날에는 바지 뒷주머니에 정확히 170달러가 남아 있었다.
3. 다음 날에는 바지 뒷주머니에 5달러밖에 없었다.

답: 203쪽

문제 018 ★★★★

사립탐정

사립탐정이 한 남자를 미행했다. 사립탐정은 남자가 주차하기를 기다렸다가 남자가 사라지자 자동차 타이어에 구멍을 냈다. 탐정은 다시 근처에 숨어서 남자를 기다렸다. 잠시 후 남자가 돌아와서 구멍 난 타이어를 살피자 사립탐정은 흐뭇한 미소를 지으며 집으로 돌아갔다.

사립탐정은 어떤 임무를 수행한 걸까?

| 단서 |

1. 사립탐정은 카메라를 들고 있었다.
2. 사립탐정은 남자의 사기 의혹을 조사했다.
3. 사립탐정은 보험회사에 제출할 증거 자료를 모으고 있었다.

답: 204쪽

문제 019

독살된 노인

★★★☆

어떤 노인이 독살되었다. 그런데 경찰이 조사해보니 노인은 아무것도 먹지 않았다. 먹은 것이 전혀 없는 노인이 어떻게 독살을 당하게 된 걸까?

| **단서** |

1. 노인은 자신이 독살될 거라고는 꿈에도 생각지 못한 채 평소대로 행동했다.
2. 노인은 살해당한 날 아무도 만나지 않았다.
3. 노인은 자기도 모르게 입에 독을 넣었다.

답: 204쪽

문제 020 ★★★★

사라진 학생들

저명한 물리학자인 울람 교수는 어느 날 자신이 가르치는 몇몇 대학원생들이, 그것도 우등생들이 전부 학교에 나오지 않는다는 것을 알아챘다. 학생들은 로스알라모스에서 극비리에 진행되고 있는 세계 최초의 원자폭탄 실험에 참여하기 위해 말없이 사라진 것이다. 학생들은 철저하게 비밀을 지켰지만 울람 교수는 학생들이 어디로 갔는지 알 수 있었다.

그는 이 사실을 어떻게 알아냈을까?

| 단서 |

1. 울람 교수는 사라진 학생들의 습관을 바탕으로 몇 가지 조사를 했다.
2. 울람 교수는 학생들이 언제나 열심히 공부했으며 주어진 과제가 있으면 사전 조사를 철저히 한다는 사실을 알고 있었다.
3. 울람 교수는 교내에 있는 어떤 장소에 찾아가서 이 사실을 확인했다.

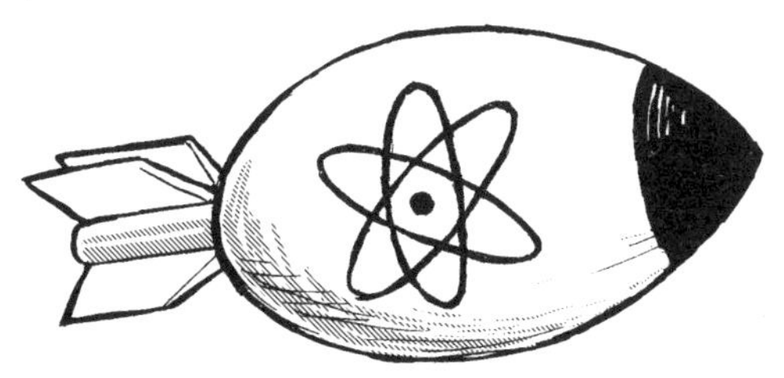

답: 204쪽

문제 021

폭력은 안 돼!

★☆☆☆

존은 지금 여러 전문가들에게 둘러싸여 있다. 그런데 그중 한 사람이 아무런 죄도 없는 존을 때려서 울게 만들었다.

왜 그랬을까?

| 단서 |

1. 존은 건강했다.
2. 존을 때린 것은 그를 도와주기 위해서였다.
3. 이것은 흔히 있는 일이다.

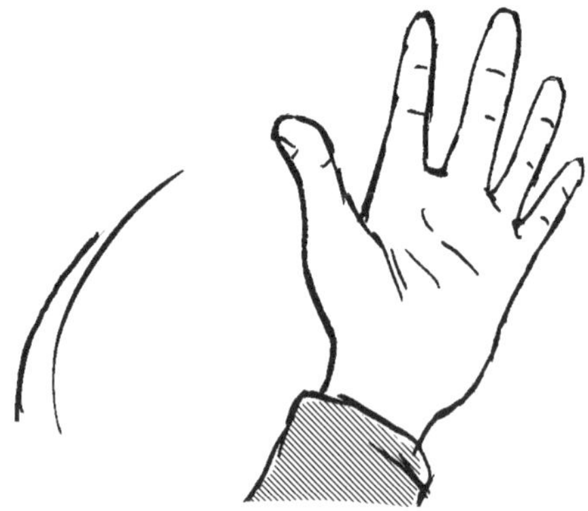

답: 204쪽

문제 022

늙지 않는 여인

★★☆☆

한 남녀가 만나자마자 헤어진 뒤에 50년 동안 서로를 보지 못했다. 세월이 흘러 노년의 신사가 된 남자의 눈앞에 50년 전에 헤어졌던 여자가 나타났다. 그녀는 지난 50년 동안 전혀 늙지 않은 옛 모습 그대로였다.

어떻게 된 일일까?

| 단서 |

남자와 여자는 50년 전에 어떤 사고를 당했다. 그 후로 남자는 늙었지만 여자는 옛 모습을 그대로 간직했다.

답: 204쪽

문제 023 ★★☆☆

이해할 수 없는 말

미국의 경찰 교육 매뉴얼에는 미국 경찰 대부분이 할 줄 모르는 언어로 설명된 부분이 있다.

대체 왜 이런 내용을 실었을까?

| 단서 |

1. 범죄자들 중에는 이 언어를 쓰는 사람이 거의 없다.
2. 이 언어를 쓰는 사람이 거의 없기 때문에 교육용 매뉴얼에 포함된 것이다.
3. 매뉴얼에 적힌 단어는 많지 않지만 반드시 익혀야 하는 내용이다.

답: 205쪽

그의 살인은 무죄

★★★☆

어떤 남자가 아내를 총으로 쏜 뒤 경찰에게 자수했다. 조사해보니 아내가 남자의 목숨을 위협했다거나 주위 사람들에게 위험한 짓을 한 적이 없었다. 그러나 경찰은 이 남자를 풀어주었다.

왜 그랬을까?

| 단서 |

1. 남자는 오래전부터 아내를 살해할 만한 동기를 가지고 있었다.
2. 남자는 분명 유죄였지만 경찰은 법의 원칙에 따라 남자를 풀어줄 수밖에 없었다.
3. 남자는 이미 아내를 살해한 혐의로 처벌을 받았다.

답: 205쪽

문제 025 뼛속부터 다른 사람

★★★☆

의과 실습 감독관이 학생에게 대퇴골(넓적다리 뼈) 표본을 건네며 질문했다.

"학생은 대퇴골을 몇 개 가지고 있지?"

"다섯 개입니다." 학생이 대답했다.

"틀렸어. 대퇴골은 두 개라네." 감독관이 말했다.

하지만 학생의 말이 옳았다. 어째서일까?

| **단서** |

1. 학생은 건강한 상태이며 신체에 아무런 이상이 없다.
2. 학생은 여자이며 이전에 어떤 수술도 받아본 적이 없다.
3. 사람에게는 대퇴골이 두 개 있다.

답: 205쪽

문제 026

골칫덩이 창문

★★★☆

한 건축업자가 새로 짓는 집의 창문을 정사각형으로 만들었다. 창문의 높이와 너비는 60센티미터이고 햇볕이 잘 들어오도록 블라인드나 커튼은 달지 않았다. 그런데 집주인이 보더니 창문이 너무 작아서 마음에 들지 않는다고 불평을 늘어놓았다. 그러고는 똑같은 벽면에 똑같은 높이와 너비의 정사각형 창문으로 지금보다 햇볕이 두 배는 더 들어오게 만들어달라는 것이다.

건축업자는 집주인의 불만을 해결하기 위해 창문을 어떻게 고쳤을까?

| 단서 |

1. 고치기 전의 창문과 고친 후의 창문은 모두 완벽한 정사각형이다.
2. 고치기 전의 창문과 고친 후의 창문은 면적이 다르다.
3. 고치기 전의 창문과 고친 후의 창문은 척 보기에도 서로 달라 보인다.

답: 205쪽

돈을 거절하다

★★★☆

한 남자가 친구에게 100만 원을 빌려줬지만 좀처럼 돈을 갚지 않았다. 수없이 재촉해도 묵묵부답이던 친구가 어느 날 돈을 갚겠다면서 100만 원을 현금으로 내밀었다. 그런데 웬일인지 그는 친구의 돈을 받지 않았다.

왜 그랬을까?

| 단서 |

1. 친구가 100만 원을 현금으로 한 번에 돌려주겠다고 했지만 그에게는 돈을 받기에 좋은 때가 아니었다.
2. 돈을 받아도 금방 잃어버릴 수 있는 상황이었다.

답: 206쪽

문제 028 지문 증거 ★★★★

용의주도한 살인마 테드 번디는 단 한 번도 범죄 현장에 지문을 남긴 적이 없었다. 그럼에도 불구하고 그는 지문 증거 때문에 유죄 판결을 받았다.

어떻게 된 일일까?

| 단서 |

1. 테드 번디의 유죄를 입증한 것은 그의 지문도, 희생자의 지문도 아니었다. 하지만 그는 분명 지문 증거로 인해 유죄 판결을 받았다.
2. 경찰이 그의 집을 수색했을 때 다른 범인들과 달리 특이한 점을 발견했다고 한다.

답: 206쪽

★★★★

문제 029 전기 작가의 죽음

한 전기 작가가 안타깝게도 자신이 쓴 작품 때문에 죽게 되었다. 대체 무슨 이유 때문이었을까?

| 단서 |

1. 전기 작가의 죽음은 사고사였다.
2. 다른 사람의 전기를 썼다면 죽음을 면했을지도 모른다.
3. 전기 작가는 작품 속 인물을 괴롭혔던 원인과 비슷한 이유로 죽었다.

답: 206쪽

★☆☆☆

문제 030 첫눈에 알아보다

우리는 그날 처음 만났고 서로 아는 사이도 아니었지만 나는 그 사람이 누구인지 한눈에 알아봤다. 누군가로부터 그에 대한 이야기를 들어본 적도 없을뿐더러 평범한 외모에 유명하지도 않은 사람이었다. 그렇다고 그가 내 앞에서 특이한 행동을 한 것도 아니었다. 그런데도 나는 그 사람을 첫눈에 알아보았다.

어떻게 알 수 있었을까?

| 단서 |

1. 그 사람은 신체적으로 아무 문제가 없으며 외관상 비정상적인 부분도 전혀 없다.
2. 그 사람과 친척은 아니지만 어떤 관계가 있긴 하다.

답: 206쪽

★★★☆

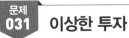

문제 031 이상한 투자

어떤 회사에서는 몇백만 원짜리 물건을 찾는 데 수십억을 들인다고 한다. 도대체 어떤 물건이기에 수십억을 투자하는 걸까?

| 단서 |

1. 회사에도 여분의 물건이 있다.
2. 이것이 분실되면 반드시 찾아야 한다.
3. 회사에서 원하는 것은 물건 자체가 아니라, 그 속에 담긴 어떤 정보다.

답: 206쪽

문제
032
카인과 아벨

★★★★

카인과 아벨은 같은 업종에서 일하는 경쟁자였다. 어느 날 카인이 가격을 내리자 아벨이 따라서 가격을 내렸다. 카인은 이에 질세라 더 낮은 가격을 제시했지만 이번에는 아벨이 말도 안 되는 헐값을 제시하는 바람에 카인은 더 이상의 경쟁을 포기하고 업계를 떠났다. 그러나 최후의 승자는 아벨이 아닌 카인이었다.

어떻게 이런 일이 가능할까?

| 단서 |

1. 카인은 아벨이 제시한 최저가 요금 덕분에 많은 이득을 보았다.
2. 카인은 직업을 바꿨다.
3. 카인과 아벨은 초창기 철도 사업 분야에서 경쟁했다.

답: 207쪽

문제 033

새 등산화

★★★☆

한 남자가 고급 등산화를 새로 장만해 산행에 나섰다. 집에서 산까지는 예전 등산화를 신고 가서 산에 오르기 직전에 새 등산화로 갈아 신었다. 그런데 막상 새 등산화를 신어보니 발이 죄어서 도통 걸을 수가 없었다. 어쩔 수 없이 전에 신던 등산화를 신고 올라가기로 했지만 남자는 고민이 되기 시작했다. 값비싼 신발을 두고 가자니 잃어버릴 것 같고, 산 정상까지 들고 가자니 짐스러웠기 때문이다.

과연 남자는 새 등산화를 어떻게 처리했을까?

| 단서 |

1. 남자는 새 등산화를 다른 사람들이 보고도 가져가지 않게끔 숨겨두었다.
2. 남자는 새 등산화를 깨끗한 상태로 숨겨두었다.

답: 207쪽

문제 034 실패한 은행 강도

★★★☆

한 대형 은행에 무장 강도떼가 들이닥쳤다. 강도들은 당장 금고 안의 돈을 꺼내라고 다그쳤지만 은행장은 돈이 없어서 줄 수 없다고 했다. 이 말을 믿을 리 없는 강도들이 은행장에게 금고 문을 열어보라고 했더니 금고는 정말로 텅 비어 있었다. 이때 신고를 받고 출동한 경찰에 의해 강도들은 돈 한 푼 만져보지 못하고 그대로 체포되었다.

어떻게 이런 일이 가능했을까?

| 단서 |

1. 강도들은 때가 좋지 않았다.
2. 아침에 문을 열 때만 해도 은행에는 많은 현금이 있었다.

답: 207쪽

문제 035 ★★★★

얼음처럼 굳은 사나이

한 청년이 머리를 곱게 빗고 의자에 앉더니 20분 동안 표정 하나 바꾸지 않고 가만히 있었다.

왜 그랬을까?

| 단서 |

1. 신체 건강하고 아무 장애 없이 움직일 수 있는 청년이 자진해서 꼼짝 않고 앉아 있었다.
2. 청년이 앉아 있는 방에는 다른 사람도 한 명 있었다. 청년은 그 사람을 위해 이러한 자세를 연출했지만, 둘은 서로 손끝 하나 닿지 않았다.
3. 이것은 19세기에 일어난 일이다.

답: 207쪽

문제 036

늦은 귀가

★☆☆☆

남편이 아내에게 전화를 걸어서 퇴근하고 집에 가면 8시쯤 될 거라고 말했다. 남편은 정확히 8시 2분에 집에 도착했다. 그러자 아내가 "왜 이렇게 늦었냐"며 불같이 화를 내는 것이 아닌가?

도대체 어찌 된 영문일까?

| 단서 |

1. 아내가 화를 낸 이유는 남편이 늦었기 때문이다.
2. 부부에게는 별다른 약속이 없었다.

답: 207쪽

★★★☆

문제 037 인정사정없는 왕

왕이 두 남자에게 특별한 임무를 맡겼다. 두 남자는 왕이 만족할 만한 일을 해냈고 그에 합당한 보상을 받기 위해 왕을 찾아갔다. 그런데 왕은 두 사람을 사형에 처하라고 명령했다.

왜 그랬을까?

| 단서 |

1. 왕은 두 남자에게 잘못이 있어서가 아니라, 자신의 이기적인 마음 때문에 사형을 내렸다.
2. 두 남자가 사형을 당함으로써 그들이 왕을 협박할 수 있는 가능성이 사라졌다.
3. 왕은 이기적이고 잔인하며 돈이 많고 탐욕스러운 사람이다.

답: 207쪽

문제 038

죽음을 부르는 침대

★★☆☆

한 병원의 병실에 사람을 죽인다고 소문난 침대가 있었다. 어떤 환자라도 그 침대에 눕기만 하면 약속이나 한 듯이 돌아오는 금요일 밤을 넘기지 못하고 죽었기 때문이다. 그러나 병실에 카메라를 설치하자 곧이어 불행의 원인이 드러났다.

과연 그 원인은 무엇이었을까?

| 단서 |

1. 이 침대에 누웠던 환자들이 모두 중환자들이긴 했으나, 임종이 가까워진 환자들은 아니었다.
2. 침대가 놓인 장소나 침대 자체에는 아무런 위험 요소가 없었다.
3. 의사와 간호사는 아무 관련이 없다.
4. 특정한 치료를 받고 있던 환자들이 이 침대를 사용했다.

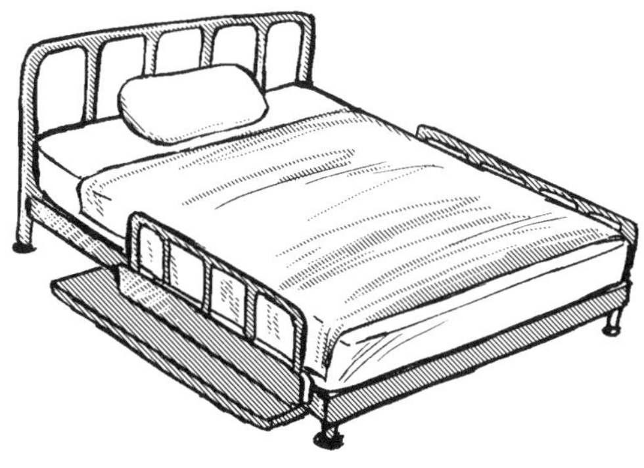

답: 208쪽

★★☆☆

한 번이면 충분해!

하루에 한 번은 괜찮지만 두 번 하면 범죄가 되는 것이 있다.

이것은 무엇일까?

| 단서 |

1. 이것은 평생에 걸쳐 여러 번 할 수 있다.
2. 특정한 날짜에만 할 수 있으며 날짜는 마음대로 선택할 수 없다.
3. 이것은 권리인 동시에 의무요, 특권이라고까지 생각할 수 있다.

답: 208쪽

문제 040 ★★☆☆

강도의 순발력

강도들이 창고에서 훔친 텔레비전을 차에 싣고 달아나려는 찰나에 경찰차의 사이렌 소리가 울렸다. 강도들은 숨을 곳도 없고 재빨리 달아날 수도 없었지만 무사히 경찰을 피해 빠져나갔다.

강도들은 어떻게 이 위기를 넘겼을까?

| **단서** |

강도들은 도망치지 않았다. 강도들은 창의력을 발휘했고 경찰은 그러지 못했다.

답: 208쪽

★☆☆☆

문제 041 작품을 산 이유

한 미술품 감정사가 싸구려 그림 한 점을 샀다. 감정사 역시 이 그림은 아무런 가치가 없다는 것을 알고 있었다.

감정사는 왜 싸구려 그림을 샀을까?

| 단서 |

1. 미술품 감정사는 정직한 사람이며 나쁜 의도로 작품을 구매하지는 않았다.
2. 싸구려 작품을 매입해서 고가의 작품으로 둔갑시키려는 의도는 없었다.
3. 그림을 둘둘 말아놓고 팔았다면 감정사는 그림을 사지 않았을 것이다.

답: 208쪽

문제 042 ★★★☆

가짜 감사 인사

어느 날 빌은 달걀을 받은 적도 없으면서 테드에게 "달걀 잘 먹었어요"라고 인사했다. 실제로 테드는 빌에게 달걀을 준 적이 없었다.

빌은 왜 그런 말을 했을까?

| 단서 |

1. 빌이 테드에게 감사 인사를 건넨 것은 그의 행동에 어떤 변화가 일어나기를 바랐기 때문이다.
2. 빌과 테드는 이웃지간이다.
3. 테드는 인색하고 게으른 사람이다.

답: 208쪽

문제 043 ★★☆☆

쓰레기를 노려보다

지난주 어느 날엔가 나는 아침부터 옆집에서 내다놓은 쓰레기를 노려보고는 짜증스런 기분으로 출근길에 올랐다. 그리고 이번 주는 다른 집의 쓰레기를 노려보며 지난주보다 더 짜증을 냈다.

왜 그랬을까?

| 단서 |

1. 나는 이웃집 사람 때문이 아니라 나 자신에게 짜증이 났다.
2. 내가 이웃집 쓰레기를 보고 짜증을 낸 것은 매주 같은 날 아침이었다.
3. 이웃집 쓰레기에는 특별한 점이 없었다. 하지만 우리 집과는 달랐다.

답: 209쪽

문제 044

속도위반

★☆☆☆

한 여성이 속도위반으로 경찰에 붙잡혔다. 경찰관은 운전자에게 주의만 주고 보내려 했으나 여자는 한사코 속도위반 딱지를 받겠다며 그 자리에서 벌금까지 내고 가는 것이 아닌가.

이 여자는 무슨 이유로 자진해서 벌금까지 낸 걸까?

| 조건 |

1. 속도위반으로 걸린 여성과 경찰관은 서로 모르는 사이였으며, 여자는 경찰관을 도와주거나 감동시킬 생각이 전혀 없었다.
2. 이 여성이 유난히 엄격한 도덕 원칙을 따랐던 것은 누군가의 명성에 흠집을 내고 싶지 않았기 때문이다.

답: 209쪽

★★★☆

문제 045 불청객

성가신 부탁을 하기로 유명한 사람이 윈스턴 처칠의 집을 찾아 왔다. 처칠은 집사를 불러서 "집에 아무도 없다고 전하게"라고 말했으나 불청객이 집사의 말을 곧이들을 것 같지 않아 걱정이었다.

과연 처칠은 어떤 방법으로 불청객을 돌려보냈을까?

| 단서 |

1. 처칠은 어떤 물건을 집사에게 주었다.
2. 집사는 자신이 해서는 안 될 행동을 보여주었다.

답: 209쪽

문제 046 ★★★☆

아무 데나 내려주세요

지금 막 이륙하려는 조종사에게 한 남자가 다가와서 자기도 태워달라고 부탁했다. 조종사는 이미 비행 계획이 있었지만 이렇게 말했다.

"좋습니다. 약간의 탑승비만 내신다면 가는 길에 내려드리죠."

"하지만 제가 어디로 가는지 모르잖아요? 방향이 다르면 탈 수 없는데요." 남자가 되물었다.

그러자 조종사는 "전혀 상관없습니다"라고 답했다.

조종사는 왜 이렇게 대답했을까?

| 단서 |

1. 조종사는 임의의 한 지점에서 다른 지점으로 비행할 계획이었다. 조종사는 남자의 목적지를 경로에 포함시키기만 하면 되었으며, 남자를 데려다준다고 해서 전체 비행 시간에 큰 지장을 끼칠 일은 없었다.
2. 지구는 구형이라는 점을 생각하라.

답: 209쪽

문제 047

뒤로 걷는 사연

★★★★

어떤 남자가 자기 집 현관문에서 부엌까지 뒷걸음질을 치고 있었다. 그때 누군가가 초인종을 누르자 남자는 재빨리 뒷문으로 달려 나갔다.

남자는 왜 이 같은 행동을 했을까?

| 단서 |

1. 집에는 아무도 없었다.
2. 남자가 위협을 느낀 것은 아니었다.
3. 남자는 누가 초인종을 눌렀는지 몰랐다.
4. 남자는 현관문 앞까지 돌아가기 위해 뒷문으로 나갔다.

답: 210쪽

문제 048 ★☆☆☆

무용수의 죽음

유명한 무용수가 목이 졸려 숨진 채 발견되었다. 하지만 현장을 조사한 경찰은 이 사건은 자살이 아니며, 살인사건은 더더욱 아니라고 말했다. 그렇다면 이 무용수는 어쩌다가 죽은 것일까?

| 단서 |

1. 무용수는 스카프에 목이 졸려 숨졌다.
2. 무용수는 사고가 일어났을 당시 춤을 추고 있지 않았다.
3. 급하게 서두르지만 않았어도 무용수는 죽음을 면했을 것이다.
4. 무용수는 실존인물이다.

답: 210쪽

★☆☆☆

문제 049 교통 방해

한 무리의 사람들이 모여서 시내를 돌며 운전을 하고 있다. 그들은 녹색불이 들어와도 출발하지 않고 있다가 뒤에서 기다리는 차가 경적을 울려야만 출발하기를 반복했다. 하지만 이들이 이렇게 운전을 하는 데에는 어떤 특별한 목적이 있다고 한다.

무슨 목적일까?

| 단서 |

1. 운전을 하는 사람들에게 색맹이나 다른 장애가 있는 것은 아니다.
2. 이들이 녹색 신호에 출발하지 않는 데에는 그럴 만한 이유와 목적이 있었다. 이들은 종이와 연필, 스톱워치를 사용했다.
3. 이들은 때때로 차의 일부분을 바꿔가면서 운전했다.

답: 210쪽

문제 050 78쪽을 확인하라

★★★☆

매주 도서관에 가는 여자가 있다. 그녀는 흥미로운 책을 발견하면 무조건 78쪽부터 확인한 뒤 책을 빌렸다.

왜 그랬을까?

| 단서 |

1. 여자는 흥미로운 신간을 찾고 있을 뿐, 특정한 책을 찾고 있는 것은 아니다.
2. 빌려간 책을 읽는 사람은 여자의 남편이었다.

답: 210쪽

문제 051

서행운전을 하는 이유

★★★☆

먼 곳으로 떠나는 한 남자가 시속 24킬로미터로 차를 몰고 있다. 충분히 더 빨리 달릴 수 있는데도 그 먼 길을 천천히 가고 있는 이유는 무엇일까?

| 단서 |

1. 남자는 얼마든지 빠른 속도로 운전할 수 있는 사람이며, 차도 멀쩡하다. 도로 사정에도 아무 문제가 없었다.
2. 지금은 특별한 상황이기 때문에 어쩔 수 없이 천천히 가고 있지만, 평소 같았으면 남자도 정상적인 속도로 달렸을 것이다.
3. 속도를 높이면 중요한 것을 잃어버리기 때문에 천천히 가고 있다.

답: 211쪽

문제 052

죽음을 기다린 남자

★★★☆

한 남자가 끔찍한 죽음을 맞았다는 소식이 전해지자 멀리 떨어진 곳에 사는 다른 남자가 무척 행복해했다. 두 사람은 서로 만난 적도 없고 아무런 원한도 없었건만 왜 그랬을까?

| 단서 |

1. 한 남자의 죽음이 다른 남자에게는 도움이 되었다.
2. 남자의 죽음에 행복해하는 사람 때문에 남자가 죽은 것은 아니다. 그러나 남자의 죽음을 기뻐한 사람은 이 남자가 언제 죽을지 정확히 알고 있었다.

답: 211쪽

★☆☆☆

문제 053 직선도로

1953년부터 1961년까지 미국의 대통령을 지낸 아이젠하워는 주간(州間) 도로망을 구축할 당시 특이한 지시를 내렸다. 주간 고속도로의 전 구간에 걸쳐 8킬로미터마다 1.5킬로미터의 직선도로 구간을 만들라는 것이었다.

왜 그런 도로가 필요했던 걸까?

| 단서 |

1. 경제성을 높이기 위해 직선도로 구간을 만든 것은 아니다.
2. 교통 상황을 개선하기 위해 직선도로 구간을 만든 것은 아니다.
3. 직선도로 구간은 만약의 상황을 대비하기 위해 만들어졌다.

답: 211쪽

문제 054 지금은 전화를 받을 수 없습니다

★★☆☆

한 여자가 혼자 신문을 읽고 읽던 중 옆방에서 울리는 전화벨 소리를 들었다. 틀림없이 중요한 전화였지만 여자는 일어날 생각도 하지 않고 전화도 받지 않았다.

왜 그랬을까?

| 단서 |

1. 여자는 지금 아파트에 전화 받을 사람이 아무도 없다는 것을 알고 있었다.
2. 여자는 누가 전화를 걸었는지는 몰라도 어쨌든 중요한 전화라는 사실을 알고 있었다.
3. 여자는 자신을 찾는 전화가 아니라는 것도 알고 있었다.
4. 여자가 악의적으로 전화를 안 받은 것은 아니다.

답: 211쪽

★☆☆☆

문제 055 소련식 카레이싱

미국과 소련의 냉전이 한창이던 시절에는 양국의 스포츠카가 일대일 카레이싱 시합을 벌일 경우 대개 미국이 소련이 앞질렀다. 그러나 소련 언론에서는 자국 스포츠카의 성능이 미국에 미치지 못한다는 사실을 드러내고 싶지 않았다. 그래서 경기 결과를 사실 그대로 전달하면서도 마치 자국의 스포츠카가 미국 차보다 좋은 것처럼 여겨지는 기사를 내보냈다.

과연 기사 내용은 어땠을까?

| 단서 |

1. 소련 신문에 실린 기사는 정확한 사실만을 전달했다. 다만 소련 측 경기 결과에 대해서는 긍정적인 태도, 미국 측 경기 결과에 대해서는 부정적인 태도를 취했을 뿐이다.
2. 카레이싱 대회에 몇 개국이 참가했는지는 기사에서 밝히지 않았다.

답: 211쪽

문제 056 서쪽에서 뜨는 해

★★★★

태양은 매일 아침마다 동쪽에서 떠오른다. 그런데 한 남자가 서쪽에서 뜨는 해를 봤다.

어떻게 된 일일까?

| 단서 |

1. 남자는 거울에 비친 모습이나 반사된 모습이 아닌 실제 태양의 모습을 봤다. 태양은 분명 천구의 서쪽에서 뜨고 있었다.
2. 남자는 지구에서 태양을 보았다. 남극이나 북극, 우주에서 본 것은 아니다.
3. 남자는 서쪽에서 해가 지는 모습을 보았다. 그런데 잠시 뒤에 다시 서쪽에서 태양이 떠오르는 것을 보았다.

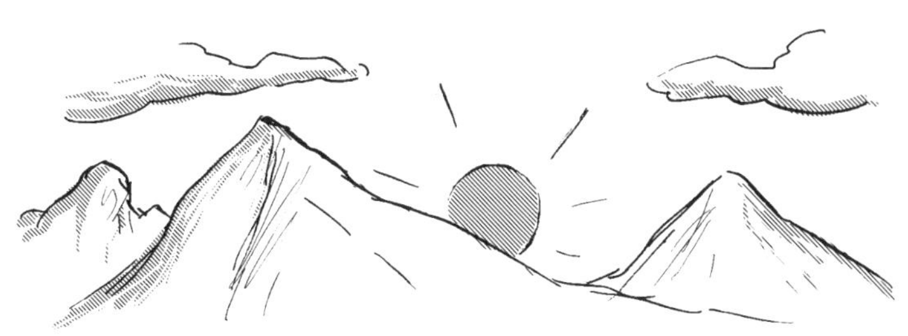

답: 212쪽

★★★☆

열기 힘든 문

한 남자가 여러 사람을 집으로 초대했다. 그런데 이 집의 문이 잘 열리지 않아 손님들은 힘들게 문을 열고 들어와야 했다. 저녁을 먹으면서 한 손님이 문에 대한 이야기를 하자, 집주인은 빙긋이 웃더니 문이 잘 열리지 않는 까닭을 설명해주었다.

과연 그 까닭은 무엇이었을까?

| 단서 |

1. 집주인은 유명한 발명가이자 엔지니어였다.

2. 손님들은 문을 열 때마다 집주인에게 큰 도움을 주었다.

답: 212쪽

★★★☆

문제 058 예의 바른 사람의 최후

일본의 직장인들은 예의를 중요시한다. 그런데 한 남자가 너무 예의 바른 탓에 목숨을 잃고 말았다.

어떻게 된 일일까?

| 단서 |

1. 예의 바른 남자는 아무 말도 하지 않았다. 다만 적절하지 않은 시점에 매우 정중한 태도를 취했을 뿐이다.
2. 그는 대기업에 다녔으며, 다른 부서로 가는 길에 목숨을 잃었다.

답: 212쪽

★★★★

죽음의 등반

건장한 남자들이 산을 오르다가 그중 한 사람이 목숨을 잃었다. 사람들은 그들이 다른 날에만 갔어도 남자가 죽지 않았을 거라고 했다.

왜 그랬을까?

| 단서 |

1. 산 정상에 이르기까지 모든 등반 조건은 완벽했으며, 죽은 남자와 함께 산을 올랐던 동료들은 아무 탈 없이 등반을 마쳤다. 그러나 남자는 고통 속에서 죽어갔다.
2. 남자는 열성적인 만능 스포츠맨이었고, 그가 산에 오른 시각은 오후였다.
3. 남자가 등반 중에 죽은 것은 그날 오전에 있었던 일 때문이다.

답: 212쪽

문제 060

남자와 개의 죽음

★★★★

한 남자가 애완견과 함께 나란히 들판에 누워 죽은 채로 발견되었다. 남자는 물장화를 신고 있었고 주변에는 아무도 없었다.

대체 무슨 일이 벌어졌던 것일까?

| 단서 |

1. 남자는 근처 호수에서 불법 낚시를 했다.
2. 남자는 들판을 향해 필사적으로 달렸지만 결국 죽고 말았다.
3. 남자의 개는 사냥개로 많이 쓰이는 리트리버 종이었다.

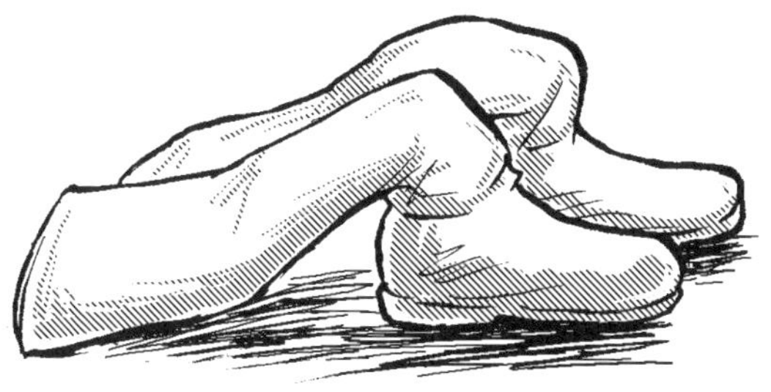

답: 213쪽

★☆☆☆

지상 위 100피트

지상 위 100피트feet 상태에서 뒤로 벌렁 누워 있는 것은 무엇일까?

| 단서 |

1. 이것은 작은 생물이다.
2. 이 생물은 날지 못한다.
3. 문제의 단어 중에서 이중적으로 해석할 수 있는 것이 있다.

답: 213쪽

문제 062 ★★☆☆

이상한 교대 운전

한 남자가 옆자리에 여자를 태우고 집 앞에 있는 큰길가로 차를 몰고 나갔다. 큰길을 다 내려오자 두 사람은 자리를 바꿔 앉았다. 운전대에 앉은 여자는 차의 방향을 돌렸다. 그러더니 또다시 자리를 바꿔서 남자가 차를 몰고 집으로 돌아왔다. 두 사람은 이렇게 교대로 운전하기를 수차례 반복했다.

두 사람은 왜 이렇게 운전했을까?

| 단서 |

집 앞 큰길에서는 남자가 운전하고, 이 길이 다른 도로와 만나는 지점에서는 여자가 운전했다. 이들 역시 이런 교대 운전은 처음이었다. 교대 운전은 몇 주 동안 계속됐으며, 그 뒤로는 이런 식으로 운전하지 않았다.

답: 213쪽

★★☆☆

문제 063 굴뚝을 내려오는 방법

어떤 산업고고학자가 도시 외곽에 있는 오래된 공장을 조사하기 위해 공장의 굴뚝으로 올라갔다. 그런데 30미터에 달하는 굴뚝 꼭대기에 올라서자마자 낡은 철제 계단이 떨어져 나가버리는 것이 아닌가. 공장이 워낙 외진 곳에 있는 터라 지나다니는 사람도 없고 도와달라고 소리쳐봤자 아무도 듣지 못하는 상황이다.

과연 이 남자는 굴뚝 꼭대기에서 어떻게 내려왔을까?

| 단서 |

1. 남자는 아주 느린 속도로 내려왔다.
2. 남자가 내려왔을 때는 굴뚝의 모양이 달라져 있었다.
3. 굴뚝은 벽돌로 만들어져 있었다.

답: 213쪽

문제 064 ★★★★

도끼 살인사건

한 여인이 낯선 사람의 집을 찾아가서 화장실을 쓰게 해달라고 부탁했다. 잠시 후 화장실에서 나온 여자는 도끼로 집주인을 살해했다.

어떻게 된 일일까?

| 단서 |

1. 여자가 이 집에 들어왔을 때는 집주인이 누구인지 몰랐으며 그를 해칠 생각도 없었다.
2. 여자는 화장실에 들어가고 나서야 집주인의 정체를 알고 그를 죽이기로 결심했다.
3. 여자는 이 도끼를 본 적이 있었다.

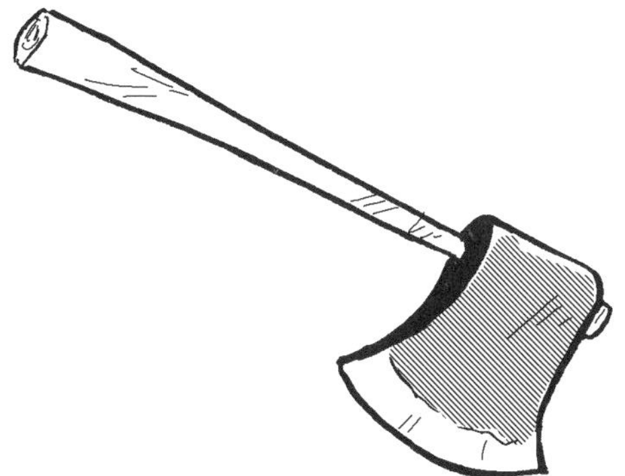

답: 213쪽

문제 065 물을 버린 사나이

★★☆☆

한 남자가 길가에 차를 세운 뒤 건물 안으로 들어가서 물 한 동이를 들고 나왔다. 그러고는 갑자기 그 물을 길가에 쏟아버렸다.

왜 그랬을까?

| 단서 |

1. 남자는 길가에 세워둔 차 때문에 물을 가져왔다. 그러나 어떤 계기로 인해 마음이 바뀌었다.
2. 남자는 몹시 화를 내며 물을 버렸다.

답: 214쪽

문제 066 ★★★★

의문의 죽음

건강한 남자가 저녁에 산책을 나갔다가 죽은 채 발견되었다. 경찰이 시신을 조사했지만 관련된 인물도 없어서 도무지 사망 원인을 알 수 없었다. 부검 결과 남자는 아무런 흔적도 남기지 않은 기이한 사고로 인해 사망했음이 밝혀졌다.

남자는 과연 어떻게 사망했을까?

| 단서 |

1. 남자의 죽음은 사고사였으며 이렇게 죽는 경우는 흔치 않다.
2. 남자의 머리에는 작은 구멍이 나 있었다.
3. 하늘에서는 수천 개가 날아오지만 지상에 도달하는 것은 극히 드물다.

답: 214쪽

문제 067

두 번 죽이다

★★☆☆

한 경찰이 죽어 있는 사람을 총으로 쐈다. 그렇다고 불법 행위를 한 것은 아니었다.

경찰은 왜 죽어 있는 사람을 총으로 쏜 걸까?

| 단서 |

1. 경찰은 상대방이 이미 죽었다는 사실을 알고 있었다.
2. 경찰은 누군가에게 보여주기 위해 이런 행동을 했다.
3. 경찰은 증거를 조작하기 위해서가 아니라 정보를 얻기 위해 총을 쐈다.

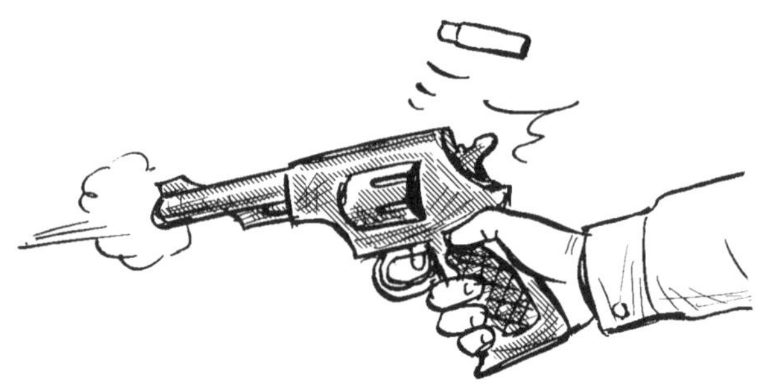

답: 214쪽

★★☆☆

문제 068 가정부의 은밀한 비밀

집주인이 마시고 난 빈 병을 자기 집까지 가져가서 버리는 가정부가 있다. 어떤 이유 때문일까?

| 단서 |

1. 가정부가 가져가는 병은 깨진 곳 없이 멀쩡한 빈 병이었으며, 병을 재활용하지 않고 버리기만 했다.
2. 빈 병 자체는 아무 값어치가 없지만, 병이 가득 차 있을 때는 비쌌다.
3. 가정부는 남의 눈을 의식하는 성격이다.

답: 214쪽

문제 069 신하의 임무

★★★★

스페인 왕 알폰소 13세(1886~1941)의 신하 중에는 음악과 관련된 한 가지 일만을 하는 사람이 있었다.

그가 맡은 임무는 무엇이었을까?

| 단서 |

1. 그 신하는 악기를 다루지는 못했지만 기억력은 좋았다.
2. 왕은 어떤 일에 어려움을 겪고 있었다.
3. 신하의 역할은 공식 석상에서 이루어졌다.

답: 214쪽

문제 070

소용없는 우회도로

★★☆☆

프랑스의 한 작은 마을에서 대형 트럭들이 마을 한가운데를 가로지르는 중앙도로를 이용하면서부터 심각한 교통체증을 겪게 되었다. 고심하던 마을 주민들은 중앙도로보다 넓은 우회도로를 만들었고, 이제는 마을의 교통대란도 사라질 거라고 생각했다. 그런데 이게 웬일인가. 현대식으로 만든 우회도로가 생겼지만 중앙도로의 교통체증은 나아지지 않았다.

왜 그랬을까?

| 단서 |

이 마을의 중앙도로를 이용하던 트럭들은 우회도로가 생긴 뒤에도 여전히 중앙도로를 이용했고 오히려 다른 차들이 우회도로를 이용했다.

답: 215쪽

문제 071 ★★☆☆

난폭운전

제임스는 난폭운전을 하기로 악명이 높았다. 제한속도나 정지 신호를 지킨 적이 절대 없으며 일방통행로에서도 정해진 방향으로 다니지 않았다. 그의 난폭운전은 마을 경찰들 사이에서도 요주의 대상으로 꼽힐 정도였다. 그러나 정작 경찰들은 20년 동안 단 한 번도 제임스를 교통 위반으로 체포하거나 벌금을 물린 적이 없었으며, 제임스 역시 한 번도 교통사고를 내지 않았다.

어떻게 된 영문일까?

| 단서 |

제임스는 항상 난폭하게 운전했지만 20년간은 교통법규를 위반하지 않았다.

답: 215쪽

문제 072 ★★★★

스스로 총을 겨눈 남자

한 남자가 아무도 없는 방에서 조심스럽게 권총을 집어들더니 자신의 머리를 쐈다. 그리고 얼마 뒤에 다른 남자가 이 사건의 범인으로 붙잡혔다.

어떻게 된 일일까?

| 단서 |

1. 남자는 죽기 위해 스스로 총을 쐈다. 남자는 이전에 자살을 시도했거나 정신장애, 공포증, 정신착란 등을 겪은 적이 없다.
2. 스스로 총을 쏘기 직전에 남자는 범인으로 붙잡힌 남자를 만났다. 둘 사이에서는 아무런 대화도 오가지 않았지만, 남자는 범인으로 붙잡힌 남자의 행동 때문에 스스로 총을 쐈다.
3. 두 남자 모두 갱단의 일원이다.

답: 215쪽

★★★★

문제 073

집으로 가는 길

스페인의 라틴아메리카 정복이 한창이던 때의 일이다. 스페인 병사들은 미지의 땅을 탐험하기 위해 밤늦게까지 먼 길을 가야 했기 때문에 낯선 곳에서 길을 잃지 않도록 특별한 방법을 썼다고 한다.

과연 어떤 방법이었을까?

| 단서 |

1. 길에 어떤 표시를 하거나 왔던 길을 기억하면서 간 것은 아니다.
2. 스페인 병사들은 뭔가를 타고 갔다. 길 안내자나 길잡이 새는 데리고 다니지 않았다.
3. 몇몇 병사들은 종마를 타고 갔지만 그렇지 않은 병사들도 있었다.

답: 215쪽

문제 074

종이봉투로 들어간 골프공

★☆☆☆

골프 시합 도중 폴의 공이 벙커에 떨어졌다. 그런데 이게 웬일인가. 공이 벙커에 날아 들어온 종이봉투 속으로 굴러 들어가고 만 것이다. 시합의 규칙대로라면 종이봉투에 공이 들어 있는 채로 공을 쳐야 한다. 봉투에서 공을 꺼내면 공의 위치를 고친 것이 되어 벌타가 더해지기 때문이다. 고심하던 폴은 이 상황을 멋지게 해결했다.

과연 어떤 묘책을 썼을까?

| 단서 |

1. 폴은 봉투를 건드리지 않고도 봉투를 제거하는 데 성공했다.
2. 폴은 자신의 나쁜 습관을 적절히 이용했다.

답: 215쪽

문제 075

1.6킬로미터의 비밀

★★★☆

미국 지도를 보면 재미있는 사실을 확인할 수 있다. 미국 북서부에 있는 사우스다코타 주와 몬태나 주의 접경지에는 직선으로만 곧게 뻗어 있는 구간 중에 갑자기 구불구불한 선으로 그려진 부분이 있다.

경계선이 이렇게 된 것은 땅주인들의 이해관계 때문도 아니고 주 정부와 관련된 일도 아니라고 한다. 실제 거리가 대략 1.6킬로미터밖에 되지 않는 이 구간은 왜 만들어졌을까?

| 단서 |

1. 이 구간은 해당 지역의 지리적·지형적 특징과는 아무런 상관이 없다. 구불구불한 지역과 직선으로 된 지역은 같은 환경을 갖고 있다.
2. 지도에는 아무 이상이 없으며 잘못 인쇄된 것도 아니다.
3. 접경 지역에 대한 조사를 빨리 끝마치기 위한 조처가 있었다.

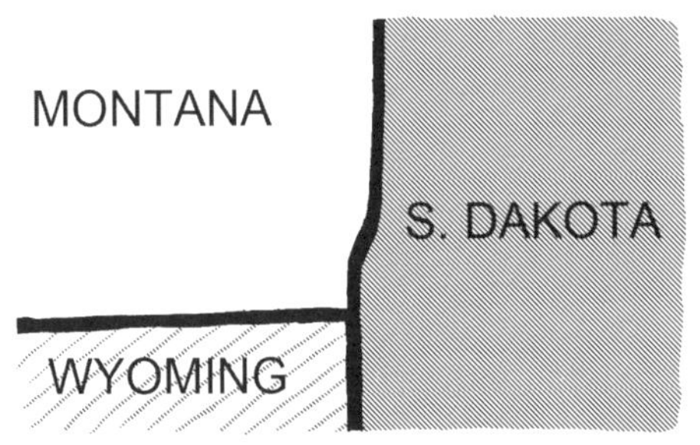

답: 216쪽

문제 076

손 씻은 도둑

★★★☆

'바늘 도둑이 소도둑 된다'는 말이 있다. 이 도둑도 처음에는 자그마한 물건을 훔치다가 점점 큰 물건을 훔치기 시작했다. 그러다 어느 날 갑자기 도둑질을 그만두었다.

무슨 사연이 있었던 걸까?

| 단서 |

1. 도둑은 여성이었다. 그녀는 도둑질을 멈출 수가 없었다. 그랬다간 들통 날 게 뻔했기 때문이다.
2. 여자는 일종의 분장을 하고 도둑질을 했다. 이 분장 때문에 점점 더 큰 물건을 훔쳤다.
3. 주위 사람들은 그녀가 도둑이라는 사실을 몰랐지만, 그녀가 어떤 일정을 앞두고 있다는 것은 알고 있었다.

답: 216쪽

문제 077 전기요금과 관광수입

★★★☆

어떤 지역 주민들은 관광객을 유치하기 위해 전기요금을 많이 낸다고 한다. 왜일까?

| 단서 |

1. 관광객의 전기 사용량은 많지 않다.
2. 전기 소모량이 많은 조명을 쓴다거나 전기가 많이 필요한 시설이 있는 것은 아니다.
3. 이 지역은 빼어난 자연경관으로 유명한 미국의 관광지이다.

답: 216쪽

문제 078 스포츠카는 싫어! ★★★★

아내가 남편에게 신형 스포츠카를 선물했다. 그런데 스포츠카를 본 남편이 차에 시멘트를 붓는 바람에 엉망이 되고 말았다.

남편은 왜 그런 행동을 했을까?

| 단서 |

1. 남편의 직업은 시멘트 트럭 운전사였고, 일부러 시멘트를 붓긴 했지만 곧바로 후회했다.
2. 남편은 불타는 질투심에 사로잡혀 이런 일을 저질렀다.

답: 216쪽

문제 079 ★★☆☆

환불해주세요

한 남자가 새 신발을 샀다. 디자인도 마음에 들고 발에도 꼭 맞아 매우 흡족했다. 그런데 하루 동안 신어보고는 도저히 못 신겠다며 환불을 요청하는 것이 아닌가.

왜 그랬을까?

| 단서 |

1. 신발은 발에 잘 맞았다. 하지만 다른 점이 불편했다.
2. 새로 산 신발은 남자가 이전에 신었던 신발과는 다른 소재로 만들어졌다.
3. 밖에서 신을 때는 아무런 문제가 없었지만 실내에서 신을 때는 문제가 있었다.

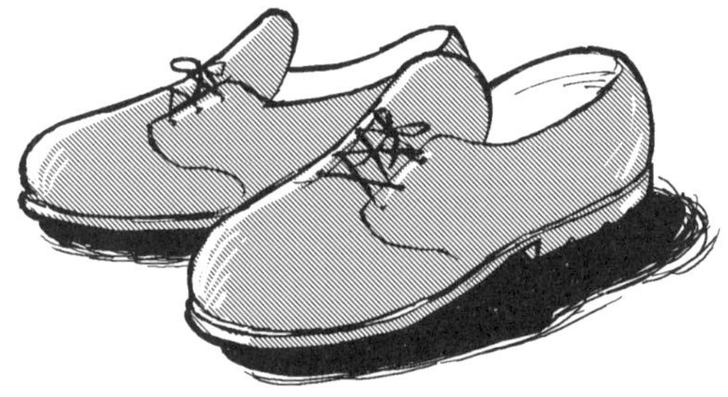

답: 217쪽

★★☆☆

문제 080 출근 첫날

대기업에 취직한 한 여성이 입사 첫날부터 힘든 일을 맡아 하느라 완전히 녹초가 되고 말았다. 그러나 그것은 자신의 착각으로 생긴 일이었다.

그녀는 과연 무엇을 착각했을까?

| 단서 |

1. 여자는 초고층 건물의 청소부로 취직했다.
2. 여자는 건물의 모든 층을 다니면서 청소했다.
3. 여자는 안 해도 되는 일까지 했다.

답: 217쪽

문제 081 ★★★☆

투명인간

시력이 아무리 좋아도 볼 수 없는 것이 있다. 훤한 대낮에 마주 보고 서 있어도 눈에 보이지 않는 이것은 무엇일까?

| 단서 |

1. 이것은 금속이나 나무로 만든다.
2. 이것은 강력한 힘을 발휘한다.
3. 이것은 전체 사물의 한 구성요소다.
4. 어떤 때는 눈에 보이기도 한다.
5. 이것은 운송수단과 관련이 있다.

답: 217쪽

★★★★

소방관의 임무

소방관들이 호스로 도로에 물을 뿌리고 있다. 어찌 된 영문인지 물어봤더니 밖에 비가 오기 때문이라고 한다.

비가 오는데 물을 뿌리다니, 대체 무슨 일일까?

| 단서 |

1. 도로가 더러웠기 때문은 아니다.
2. 이날은 특별한 행사가 있었다.
3. 모든 도로에 물을 뿌린 것은 아니다.

답: 217쪽

★☆☆☆

문제 083 일곱 개의 종

뉴욕 어느 거리에 일곱 개의 종이라는 뜻의 '세븐 벨스'(Seven Bells)라는 작은 가게가 있다. 그런데 가게 앞에는 종이 일곱 개가 아닌 여덟 개가 걸려 있다. 그렇다면 가게 이름을 바꾸든지 종을 하나 떼어내야 하지 않을까?

가게 주인은 왜 그대로 내버려두는 걸까?

| 단서 |

1. 간판을 쉽게 바꿀 수도 있었지만 가게 주인은 그렇게 하지 않았다.
2. 7이라는 숫자가 행운을 불러온다는 미신과는 전혀 상관이 없다.
3. 가게의 간판과 실제로 걸려 있는 종의 개수가 맞지 않는다는 것은 누가 봐도 알 수 있다.

답: 217쪽

문제 084

★★★☆

어떤 경매

한 남자가 경매장에서 마음에 드는 매물을 발견했다. 정해진 하한가도 없고 경쟁자도 없으리라 생각했기에 10만 원이면 충분히 살 수 있을 것 같았다. 그러나 남자가 최종적으로 받은 낙찰 가격은 무려 50만 원이었다. 어떻게 된 일일까?

| 단서 |

1. 남자는 애완동물 경매에 참가했다.
2. 남자가 원했던 애완동물은 어떤 특기를 갖고 있다.
3. 남자는 입찰 경쟁자가 있다고 착각했다.

답: 217쪽

문제 085

위조지폐 제조기

★★★☆

어떤 남자가 위조지폐를 찍을 수 있는 기계를 만들어서 다른 사람에게 팔았다. 한쪽 투입구에 색지를 넣으면 반대쪽에서 진짜 지폐가 나오는 기계였다. 기계에서 찍혀 나온 지폐는 전문가들이 봐도 위조지폐인지 아닌지 구분할 수 없을 정도로 정교했다.

전문가들은 어떻게 이런 기계를 만들었는지도 궁금했지만 왜 기계를 만든 사람이 직접 쓰지 않고 팔았는지도 의아했다.

과연 그 이유가 무엇일까?

| 단서 |

1. 기계를 만든 사람은 이 기계를 사기꾼에게 팔았다.
2. 완벽한 지폐가 출력된 것은 사실이지만, 사기꾼은 부자가 되지 못했다.

답: 218쪽

문제 086

히틀러를 살려준 병사

★☆☆☆

영국과 독일의 전쟁이 한창이었을 때 한 영국군이 아돌프 히틀러를 눈앞에 두고도 그에게 총을 쏘지 않았다.

영국 병사는 왜 히틀러를 그냥 보내주었을까?

| 단서 |

1. 영국 병사가 살려 보낸 사람은 독일 제국의 총통이자 제2차 세계대전을 일으킨 바로 그 아돌프 히틀러였다.
2. 아돌프 히틀러는 분명 살아서 돌아갔으며, 전쟁은 그 후로도 계속되었다.
3. 영국 병사는 자신이 살려준 사람이 누구인지 몰랐다. 하지만 설령 알았다고 해도 히틀러에게 총을 쏘지는 않았을 것이다.

답: 218쪽

★★★★

문제 087 부탁 금지

한 수도원에서 수련 수녀들에게 저녁식사 시간에는 다른 사람들에게 아무것도 부탁하지 말 것을 명했다. 예를 들어 소금이 필요하다고 해도 소금을 건네달라고 부탁할 수 없었다. 이유인즉슨 식사 중에 필요한 것이 있다면 서로 부탁하지 않아도 알아차릴 수 있어야 한다는 것이었다.

서로 부탁하지 않고도 필요한 것을 주고받기 위해 수련 수녀들은 어떤 방법을 썼을까?

| 단서 |

1. 다른 사람에게 부탁을 하지 못할 뿐이지 침묵을 지켜야 하는 것은 아니다.
2. 손짓이나 몸짓 같은 보디랭귀지나 암호는 사용하지 않았다.
3. 식사 중인 수녀들은 상대방을 무척이나 챙겨주었다.

답: 218쪽

문제 088 ★★★☆

잔디에 뭘 뿌리세요?

매일 해 질 무렵이면 경기장 관리인은 잔디에 물을 뿌렸고 그 덕분에 잔디는 무럭무럭 자랐다. 그런데 중요한 행사를 앞둔 어느 날, 관리인이 한낮의 땡볕 아래에서 잔디에 뭔가를 뿌렸다.

그가 뿌린 것은 무엇일까?

| 단서 |

1. 관리인은 잔디가 완벽해 보이도록 만들고 싶었다.
2. 그날 낮에 뿌린 것은 평소에 뿌리던 것과는 달랐다.
3. 그날 낮에 뿌린 것을 평소에도 뿌렸다면 잔디가 누렇게 죽었을 것이다.

답: 218쪽

★★★☆

문제 089 슈퍼 경주마

경주에서 한 번도 이긴 적이 없는 말이 어느 날 최고 수준의 대회에서 우승하는 이변을 일으켰다. 약물 검사 결과 경주마에게는 아무 이상이 없었다. 하지만 기수가 자신이 속임수를 썼다고 모든 사실을 자백한 탓에 우승은 물 건너가고 말았다.

어떤 속임수를 쓴 것일까?

| 단서 |

1. 이 경주마는 우승할 만한 말이 아니었다.
2. 이 경주마의 우승은 날씨와 관련이 있다.
3. 이 경주마는 다른 말들만큼 열심히 달리지 않았다.

답: 218쪽

은행 강도의 실수

★★☆☆

복면을 쓴 강도가 은행 직원에게 다음과 같은 메모를 건넸다.

"나는 총을 가지고 있다. 현금 서랍에 있는 돈을 넘겨라."

메모를 받아 든 직원은 강도가 시키는 대로 돈을 주었고 강도는 유유히 은행을 빠져나갔다. 그러나 경찰은 24시간 만에 은행 강도를 체포했다.

은행 강도는 어디에서 꼬리를 밟혔을까?

| 단서 |

경찰은 현장을 샅샅이 조사해 은행 강도를 잡을 수 있는 결정적인 단서를 확보했다.

답: 219쪽

★★★☆

문제 091 대서양 표류기

육지에서 100여 킬로미터 떨어진 대서양을 표류하는 두 남자가 있었다. 배에는 마실 물도 없고 라디오도 없었으며, 주변에는 도움을 청할 만한 배도 보이지 않았다. 그런데도 두 사람은 바다 위에서 오랜 시간을 버텼다.

그들은 어떻게 바다 한가운데서 살아남았을까?

| 단서 |

1. 그들은 식수로 쓸 수 있는 물을 찾았다.
2. 비가 오거나 얼음이 얼지는 않았다.
3. 그들이 표류한 곳은 특수한 지역이었다.

답: 219쪽

★☆☆☆

문제 092 복권 당첨 번호

다음 주 로또 복권 당첨 번호가 모두 표시된 종이가 지금 내 손에 쥐어져 있다. 그런데 어쩐지 당첨될 것 같지가 않다. 평소에도 복권을 많이 사기는 하지만 이런 기분이 들지는 않았는데, 오늘은 벌써부터 느낌이 좋지 않다.

왜일까?

| 단서 |

1. 나에게 당첨 기회가 더 많은 것은 아니다. 복권을 사는 모든 사람들이 동일한 기회를 갖는다.
2. 그렇다고 복권을 살 기회가 제한되어 있거나 상금을 받지 못할 상황도 아니다. 나는 원하는 만큼 복권을 살 수 있고 정당하게 당첨되어 상금도 받을 수 있다.
3. 내가 손에 쥐고 있는 종이에는 다음 주 당첨 번호도 적혀 있고, 지난주 당첨 번호도 적혀 있다.

답: 219쪽

★★★☆

문제 093 후디니의 도전

마술사 해리 후디니(Harry Houdini, 1874~1926)는 탈출 묘기의 달인이었으며 열쇠 조작 기술의 전문가였다. 어느 날 한 금고 제조업자가 새로 만든 금고를 가지고 그에게 도전장을 내밀었다. 후디니도 처음 보는 금고라서 빠져나오기 어려워 보였다. 그런데도 후디니는 그 도전을 받아들였고, 잠긴 금고에서 멋지게 탈출했다.

후디니는 어떻게 탈출했을까?

| 단서 |

1. 특수 장비나 폭파 장치는 쓰지 않았다.
2. 금고 제조업자를 비롯한 많은 구경꾼들이 후디니의 도전을 지켜봤지만, 후디니가 어떻게 금고 문을 열고 나왔는지는 아무도 보지 못했다.

답: 219쪽

문제 094 마음의 안식처

★★★☆

한 남자가 평소 같으면 찾아가지 않았을 장소에 갔다. 그는 그곳에서 만날 사람도 없고 할 일도 없었지만 오늘은 그곳에 가서 기분이 좋은 것 같다.

어떻게 된 일일까?

| 단서 |

1. 이것은 매우 오래전에 일어난 일이다.
2. 남자는 도망쳐온 도둑이다.

답: 220쪽

도착하기까지 걸린 세월

★☆☆☆

자신의 이름이 적혀 있는 곳에 도달하기까지 19년의 세월이 걸린 것이 있었으니, 이것은 과연 무엇일까?

| 단서 |

1. 이것은 사람들에게 널리 알려져 있다.
2. 일종의 컬렉션이다.

답: 220쪽

문제 096

레이싱의 비밀

★★★★

한 남자가 레이싱 경기장에서 큰 건을 올리고 집으로 돌아가던 중에 과속으로 경찰에게 붙잡혔다. 경찰은 남자의 신상을 모두 기록했지만 남자는 벌금을 물지도, 기소되지도 않았다.

어떻게 된 일일까?

| 단서 |

1. 남자는 처벌받아 마땅한 행동을 했다.
2. 남자는 경찰에게 영향력을 행사할 만한 사람이 아니었으며, 경찰도 남자를 기소할 생각이었다.
3. 남자는 자신에게 유리한 상황을 만들 수 있는 기술을 가지고 있다.

답: 220쪽

문제 097

악덕 트레이너

★☆☆☆

한 복서(boxer)가 세계 챔피언십 타이틀을 따내고 링을 떠났다. 그런데 챔피언십 우승 상금은 트레이너가 독차지했고 복서에게는 한 푼도 주지 않았다.

어떻게 된 일일까?

| 단서 |

1. 복서는 돈을 바라지 않았다.
2. 트레이너는 자신이 받아야 할 정당한 대가를 가져간 것뿐이다.
3. 복서는 챔피언십에서 정정당당하게 우승했지만, 상대 선수에게 한 번도 펀치를 날리지 않았다.

답: 220쪽

문제 098

증거 부족

★★☆☆

경찰이 한 남자를 범죄 용의자로 체포했지만 증거가 부족했다. 그런데 남자가 보석을 신청하자마자 경찰은 확실한 증거를 잡을 수 있었다.

어떻게 된 일일까?

| 단서 |

1. 용의자로 체포된 남자는 보석을 신청하자마자 보석금을 냈으나 오히려 그 때문에 죄가 들통나고 말았다.
2. 보석금은 현금으로 냈으며 돈의 출처는 추적할 수 없었다.

답: 220쪽

문제 099

어떤 작가

★★☆☆

팔다리가 모두 마비되고 말조차 할 수 없는 사람이 어느 날 베스트셀러 작가가 되었다.

그는 어떻게 책을 썼을까?

| 단서 |

1. 책을 다 쓰기까지 상당한 시간이 걸렸다.
2. 누군가의 도움을 받아서 책을 썼다.
3. 남자의 신체 중에 마비되지 않은 곳이 한 군데 있었다.

답: 221쪽

문제 100

죄 없는 살인자

★★★★

파티에 참석한 랍과 빌이 심하게 다퉜다. 랍은 많은 사람들이 보는 앞에서 빌을 향해 방아쇠를 당겼고 총에 맞은 빌은 그 자리에서 사망했다. 현장에 도착한 경찰은 랍과 증인들을 조사한 뒤 이 사건을 살인사건으로 처리했지만 랍은 체포하지 않았다.

왜 그랬을까?

| 단서 |

1. 랍은 경관이 아니며, 빌은 범죄자가 아니다.
2. 랍이 빌을 쏜 것은 정당방위에 해당되지 않는다. 빌을 죽인 것은 명백한 살인 행위였다.
3. 랍은 빌을 죽일 의도가 없었다. 경찰은 랍이 아닌 다른 사람이 빌을 살해했다고 확신했다.
4. 랍과 빌의 직업이 사건의 단서다.

답: 221쪽

★★☆☆

생일 축하합니다!

한 남자가 동네에 있는 상가에 갔다. 그런데 웬일인지 그곳에서 처음 보는 여자가 남자에게 "생일 축하합니다!"라고 말하는 것이 아닌가.

여자는 오늘이 그의 생일이라는 것을 어떻게 알았을까?

| 단서 |

1. 남자의 겉모습만 봐서는 오늘이 생일인지 아닌지 전혀 알 수 없다.
2. 남자는 유명한 사람이 아니다.
3. 여자는 남자가 찾아간 곳에서 일하는 사람이지만 점원은 아니다.
4. 여자는 어떤 정보를 보고 남자의 생일을 알았다.

답: 221쪽

문제 102 ★★★☆

제 직업을 소개합니다

손님들로 붐비는 식당에서 두 남자가 이야기를 나누고 있었다. 그런데 갑자기 낯선 여자가 이들에게 다가오더니 자신의 직업을 알려주고는 더 이상 아무 말도 하지 않았다. 그리고 두 남자 역시 아무 말도 하지 못했다.

도대체 무슨 일이 벌어진 걸까?

| 단서 |

1. 여자의 행동은 충동적이었지만, 두 남자에게 자신의 직업을 알려준 데는 그만한 이유가 있었다.
2. 여자는 두 남자의 행동 때문에 화가 났다.
3. 여자는 두 남자가 자신에 대해 말하고 있음을 알아차렸다.

답: 221쪽

★★☆☆

문제 103 염산이 남긴 증거

한 남자가 아내를 살해한 뒤 시신을 염산에 담가버렸다. 남자는 모든 증거를 없애 완전범죄에 성공했다고 자신했으나 얼마 지나지 않아 체포되고 말았다.

그가 남긴 증거는 무엇일까?

| 단서 |

1. 아내의 옷과 소지품은 완벽하게 처리했다.
2. 아내의 시체는 염산에 완전히 녹아 없어졌다.
3. 남아 있던 증거는 아내의 것으로 확인되었다.

답: 221쪽

문제 104 ★★☆☆

11월 11일생

한 대형 통신판매 회사가 고객들의 연령대별 주문 성향을 분석하던 중 특이한 점을 발견했다. 고객 대부분의 생일이 11월 11일이었던 것이다.

11월 11일이 대체 무슨 날이기에 이런 통계가 나온 걸까?

| 단서 |

1. 이 날짜는 고객들의 생년월일과는 관계가 없으며, 고객들의 실제 생년월일이 특정일에 몰려 있지도 않다.
2. 조사의 근거가 되는 모든 자료는 컴퓨터 데이터베이스에 저장되어 있다.
3. 컴퓨터 데이터베이스에 따르면 많은 고객들이 1911년 11월 11일생인 것으로 되어 있다.

답: 222쪽

★☆☆☆

문제 105 쓰레기통 안에서 죽은 남자

재활용 캔 쓰레기통 안에 한 남자가 죽어 있고, 정작 재활용 쓰레기는 하나도 들어 있지 않다.

어떻게 된 일일까?

| 단서 |

1. 쓰레기통이 비어 있지 않았다면 남자는 살았을 것이다.
2. 남자는 지칠 대로 지친 상태였고 수중에 돈도 없었다.
3. 남자는 갑자기 변을 당했다.

답: 222쪽

★☆☆☆

문제 106 면도를 명하노라

마케도니아의 왕으로 수많은 원정을 통해 대제국을 건설한 알렉산더 대왕은 전쟁에 나가기 전이면 항상 병사들에게 수염을 깎으라는 명령을 내렸다고 한다.

알렉산더 대왕은 왜 그런 명령을 내린 걸까?

| 단서 |

1. 알렉산더 대왕은 영토 확장에 관심이 많았다.
2. 알렉산더 대왕은 수염을 깎은 병사들이 전쟁에서 더 유리할 것이라고 믿었다.

답: 222쪽

★★☆☆

문제 107 나쁜 뜻은 없었어요

한 동물 보호 운동가가 위험에 처한 동물을 구하려다가 오히려 죽이고 말았다.

대체 무슨 일이 벌어진 걸까?

| 단서 |

1. 동물 보호 운동가가 구하려던 동물은 여러 마리가 공공장소에 함께 있었다.
2. 동물들은 죽을 처지에 놓여 있었다.
3. 동물 보호 운동가는 동물을 살리려 했지만 그 동물이 살 수 있는 조건을 제대로 알지 못했다.

답: 222쪽

★★☆☆

문제 108 퍼거슨 감독의 약점

알렉스 퍼거슨은 영국 최강의 축구팀인 맨체스터 유나이티드의 감독으로 유명하다. 퍼거슨 감독은 그전에도 스코틀랜드 프로 축구팀의 감독을 지냈으며 세계 어디를 가도 인정받을 만한 축구 감독이다. 단, 싱가포르만큼은 제외하고 말이다.

왜 싱가포르는 안 되는 걸까?

| 단서 |

1. 싱가포르에서도 축구 경기가 열린다.
2. 퍼거슨 감독의 코칭 스타일은 싱가포르에서도 환영받을 것이 분명하다.
3. 퍼거슨 감독은 싱가포르에서 문제를 일으킬 만한 습관을 가지고 있다.

답: 222쪽

문제 109 ★★★★

무언의 신호

세 명의 남자가 방 한가운데 서 있는 존을 지켜보고 있었다. 방은 사방이 벽으로 둘러싸였고, 문이 하나 있긴 하지만 그나마 굳게 잠겨 있어서 빠져나갈 곳이 한 군데도 없었다. 방에는 전화기와 전자기기가 하나도 없었으며, 시력과 청력이 뛰어난 세 남자가 침묵 속에서 존을 감시하고 있었다. 존은 움직일 수도, 소리를 지를 수도 없었다. 그런데도 존은 세 남자의 철통 같은 감시를 뚫고 옆방에 있는 제임스에게 신호를 보냈다.

어떻게 신호를 보냈을까?

| 단서 |

1. 존은 텔레파시를 보내거나 심령술을 쓸 수 있는 사람이 아니다.
2. 제임스는 존이 보낸 신호를 받았으며, 이 신호는 시각이나 촉각과는 무관했다.
3. 존은 가끔 제임스와 산책을 다녔다.

답: 222쪽

문제 110

도로의 스쿠버

★★☆☆

한 남자가 잠수용 물안경을 쓰고 도로를 달리고 있다. 물속에 있는 것도 아닌데, 대체 무슨 이유 때문일까?

| 단서 |

1. 남자는 지금 다이빙을 하러 가는 길도, 마치고 돌아오는 길도 아니다.
2. 남자는 스쿠버다이빙을 좋아한다.
3. 남자는 안전을 위해 잠수용 물안경을 썼다.

답: 223쪽

문제 111 ★★★☆

승진의 비결

대기업에서 일하는 존은 열정도 없고 게으른 데다가 자신의 업무조차 제대로 처리하지 못하는 직원이었다. 그런데 웬걸, 그가 부서에서 가장 먼저 승진하는 이변이 일어났다.

어떻게 이런 일이 가능했을까?

| 단서 |

1. 회사는 존에 대해 잘 알고 있었다.
2. 존을 승진시킨 것은 일종의 전략이었다.
3. 회사는 존의 승진 사실을 여러 회사에 알렸다.

답: 223쪽

★★★☆

문제 112 샷대질

한 남자가 도로 위에서 곡예운전을 펼치다가 경찰에게 붙잡혔다. 경찰이 남자의 차를 세우고 운전석으로 다가가자 남자는 창문을 내리더니 경찰에게 삿대질을 해댔다. 그런데 어찌된 일인지 잠시 후 남자가 경찰에게 "살려줘서 고맙다"며 감사 인사를 하는 게 아닌가.

어떻게 된 일일까?

| 단서 |

1. 남자는 범죄자가 아니며, 이번에만 운전을 이상하게 했을 뿐이다.
2. 남자에게는 뭔가 이상한 점이 있었다.
3. 경찰은 남자를 보는 순간 그가 위험한 상태임을 알아차렸다.

답: 223쪽

★★★☆

문제 113 내 공은 어느 것?

골퍼가 친 공이 시야를 벗어나 코스 바깥으로 날아갔다. 공이 떨어진 곳으로 갔더니 그 자리에는 방금 전에 친 공과 똑같이 생긴 공이 하나 더 있었다. 그러나 골퍼는 어떤 공이 자기 공인지 바로 알 수 있었다.

어떻게 알아냈을까?

| 단서 |

1. 공이 가려져서 안 보이거나 칠 수 없는 상태는 아니었다.
2. 골퍼는 공을 건드리지도 않았고 이리저리 살펴보지도 않았다.
3. 골퍼는 공을 보자마자 어떤 것이 자기 공인지 바로 알았다.

답: 223쪽

★★★☆

문제 114 방독면의 비밀

한 남자가 군에서 발급받은 방독면을 벗지 않았다는 혐의로 재판에 회부되어 10년형을 선고받았다.

그의 죄목은 무엇일까?

| 단서 |

1. 남자가 방독면을 쓴 것은 변장을 위한 것이 아니었다.
2. 문제가 된 것은 방독면이었다.
3. 남자의 행동은 많은 사람의 생명을 구할 수도 있었다.

답: 224쪽

★☆☆☆

문제 115 아무도 오르지 않는 산

가장 규모가 크다고 알려진 사화산이 있지만 아무도 그 산을 오르지 않는다고 한다. 왜일까?

| 단서 |

1. 해저에 있는 산은 아니다. 지상 위에서 선명하게 볼 수 있는 산이다.
2. 이 산을 오르려면 아마 상당히 힘들 것이다.

답: 224쪽

★★☆☆

문제 116 불모지

비옥한 토지 한가운데에 풀 한 포기도 자라지 않는 곳이 있다.

왜 이곳만 풀이 전혀 자라지 않는 불모지가 되었을까?

| 단서 |

1. 비옥한 토지와 불모지는 일조량과 강우량이 똑같다.
2. 불모지는 불규칙한 모양을 하고 있다.
3. 불모지를 다녀간 사람은 아무도 없지만, 그곳은 사람의 잘못으로 불모지가 되었다.

답: 224쪽

문제 117 대머리가 된 사연

★★★★

여기 한 여인이 사랑에 빠진 탓으로 대머리가 되었다.

어떻게 된 일일까?

| 단서 |

그녀가 대머리가 된 것은 자연현상 때문이 아니라 시대를 잘못 타고난 비극적인 운명 때문이었다. 그 남자를 만나지 않았다면 좋았을 것을.

답: 224쪽

문제 118 ★★☆☆

고혈압쯤이야

제럴드를 검진하던 의사는 제럴드의 혈압이 정상인보다 세 배나 높게 나온 것을 알았다. 그런데도 의사는 아무 걱정할 필요 없다고 말하는 것이 아닌가. 제럴드 역시 고혈압을 대수롭지 않게 생각하는 것 같다.

도대체 어찌된 영문일까?

| 단서 |

일반인에겐 고혈압이었지만 제럴드에겐 정상 혈압이었다.

답: 224쪽

★★★☆

문제 119 이상한 폭격기

폭격기가 목표 지점에 다다르자 조종사는 마시던 차를 팔꿈치 아래에 내려놓고 폭탄을 투하했다. 그런데 폭탄이 기체에서 떨어지지 않고 그대로 붙어 있는 것이 아닌가.

분명 폭격기에는 아무 결함이 없었는데 어떻게 된 일일까?

| 단서 |

폭격기는 6천 미터 상공에서 목표물을 향해 제대로 가고 있는 중이었다. 폭격기에 결함이 있거나 고장이 나지 않았지만, 폭탄이 비행기에서 떨어지지 않았다. 조종사가 차를 마셨다는 것도 관련이 없다.

답: 225쪽

문제 120

시계를 좋아하는 남자

★★★☆

아내가 크리스마스를 기념해 남편에게 똑같은 시계를 두 개씩이나 선물했다. 남편은 시계를 수집하는 사람도 아니고 집에는 이미 시계가 여러 개 있었다. 그런데도 남편은 아내의 선물이 무척 마음에 들었다.

왜 그랬을까?

| 단서 |

1. 집에 있는 시계는 모두 정상적으로 작동하고 있다.
2. 아내가 선물한 시계는 특별한 경우에만 사용되며, 남편이 혼자 있을 때는 이 시계를 쓰지 않았다.
3. 남편에게는 어떤 취미가 있다.

답: 225쪽

문제 121 ★★★★

납치범의 협박편지

납치범이 몸값을 요구하는 협박편지를 보냈다. 신문이나 잡지 등에서 글자를 오려내 만든 이 협박편지에는 지문이 전혀 남아 있지 않았지만 그 우편물 덕분에 납치범을 잡을 수 있었다.

납치범은 어떻게 잡힌 걸까?

| 단서 |

1. 경찰은 납치범이 보낸 편지의 내용과 사용한 종이, 협박 방식 등을 조사했지만 아무 실마리도 찾지 못했다.
2. 몸값을 요구하는 편지는 일반우편으로 배달되었지만 우체국 소인에서는 어떠한 정보도 얻지 못했다.
3. 지문은 남아 있지 않았지만 경찰은 협박편지에서 납치범의 신원을 확인할 수 있는 정보를 찾아냈다.

답: 225쪽

문제 122

실수로 탄생한 만화 주인공

★★★★

과학 저널에 잘못 기재된 자료 때문에 탄생한 만화 주인공이 있다.

어떤 만화일까?

| 단서 |

1. 과학 저널에 잘못 기재되는 바람에 어떤 물질의 특성이 과장되었다.
2. 이 만화의 주인공은 어린이들에게 역할 모델을 제시하고 아이들의 습관을 바꾸게 할 목적으로 만들어졌다.
3. 만화 주인공을 통해 건강에는 좋지만 선호도는 낮은 무언가를 홍보하려 했다.

답: 225쪽

문제 123 ★★★★

대답 없는 남자

아무리 바빠도 질문을 받으면 꼭 대답을 해주는 남자가 있었다. 그런데 오늘은 좀 이상하다. 어떤 사람이 지극히 상식적인 질문을 하는데도 남자는 묵묵부답이다.

도대체 무슨 까닭일까?

| 단서 |

1. 남자는 평소에도 같은 질문에 대답한 적이 있으며 다른 사람이 질문했더라면 대답했을 것이다.
2. 질문의 내용에는 아무 문제가 없다. 문제는 질문하는 방식이었다.
3. 남자에게 질문한 사람은 장애를 가지고 있었다.

답: 225쪽

★☆☆☆

문제 124 영화가 된 독백

한 노파가 슬픈 표정으로 이야기를 하고 있다. 노파의 말을 이해할 수 있는 사람은 아무도 없지만 이 남자는 매우 열성적으로 노파의 모습을 카메라에 담아 영화로 만들었다.

남자는 왜 이 노파를 촬영했을까?

| 단서 |

1. 남자는 자료를 구하고 기록을 남길 목적으로 노파가 이야기하는 모습을 촬영했다.
2. 노파에게는 남들과 다른 점이 있었다.

답: 226쪽

문제 125 ★★★★

공짜 점심

한 남자가 레스토랑에서 포크 두 개와 나이프 하나를 사용했다. 그리고 자신이 먹은 점심식사 요금을 내지 않았다.

어떻게 된 일일까?

| 단서 |

1. 식사 중에는 포크 하나와 나이프 하나만 썼다.
2. 남자는 레스토랑에 어떤 서비스를 제공했다.
3. 이 레스토랑은 저녁 시간이 되면 아늑한 분위기를 연출하는 곳이다.

답: 226쪽

문제 126

새 차의 운명

★★★★

어떤 남자가 새 차를 사자마자 차가 망가졌다. 아침에 일어나보니 집 앞에 세워둔 차가 완전히 찌그러져서 수리조차 할 수 없게 된 것이다. 차 값은 완불했고 보험은 아직 들지도 못했건만 남자는 오히려 신이 났다.

어찌된 영문일까?

| 단서 |

1. 차가 망가진 것은 속상했지만 남자가 기뻐한 이유는 따로 있었다.
2. 다른 차와는 아무 관련이 없다.
3. 남자는 귀한 것을 얻었다.

답: 226쪽

★★★★

문제 127 환불해주세요

젊은 커플이 영화를 보러 극장에 갔다. 그런데 영화가 시작되고 15분쯤 지나자 영화를 보기가 싫어졌다. 관람석의 위치도 괜찮았고 영화 상영에도 아무런 문제가 없었건만 극장에서는 이들에게 관람료 전액을 환불해줬다.

어떻게 된 일일까?

| 단서 |

1. 극장에서 이런 식으로 환불해주는 경우는 거의 없었다.
2. 극장 매니저는 이 커플이 나가자 오히려 기뻐했다.
3. 이 커플은 잔인한 행동을 했다.

답: 226쪽

문제 128

고장난 트럭

★★☆☆

트럭 운전사가 운전을 하다가 차가 고장나는 바람에 회사에 전화를 걸었다. 회사에서는 고장난 트럭을 끌고 오기 위해 견인차를 보냈는데, 나중에 보니 고장난 트럭 뒤에 견인차가 끌려가고 있었다.

어떻게 된 일일까?

| 단서 |

1. 견인차에는 아무 이상이 없었다.
2. 고장난 트럭에는 심각한 결함이 있었지만 차를 후진시켜서 이 문제를 해결했다.

답: 227쪽

★★☆☆

문제 129 바다에 빠진 남자

한 남자가 휴가철을 맞아 혼자 요트를 타러 갔다가 바다에 빠졌다. 다행히 남자는 익사하지 않고 30분 뒤에 구조되었다. 수영도 못하고 구명장비도 없는 남자가 어떻게 물 위에서 30분을 버틸 수 있었을까?

| 단서 |

요트를 타기 전날, 남자는 예루살렘에서 예쁜 기념엽서를 샀다.

답: 227쪽

문제 130 ★★★★

속도위반쯤이야

속도위반 차량을 발견한 경찰이 위반 차량을 잡기 위해 십여 킬로미터 정도를 쫓아갔을 때였다. 경찰에 쫓기던 운전자는 바로 앞에 또 다른 경찰차가 서 있는 것을 보고 급히 차를 세웠다. 앞뒤에서 경찰들이 다가오자 남자는 '이제 꼼짝없이 붙잡혔다'고 생각하고 있었다. 이 정도의 과속이라면 벌금을 내거나 체포될지도 모를 상황이었다. 그런데 경찰은 "앞으로 조심하라"고만 말한 뒤 그냥 가버리는 것이 아닌가.

대체 어떻게 된 일일까?

| 단서 |

1. 경찰은 남자를 체포하고 싶었지만 그럴 수 없었다. 경찰은 이날도 속도위반 운전자들에게 범칙금을 부과했으며 이 남자에게도 범칙금을 부과할 생각이었다.
2. 남자는 의사도 외교관도 아니다. 남자에게는 그 어떤 명분이나 면책특권이 없다.
3. 정답은 관할구역과 관련이 있다. 남자는 분명 규정 속도를 어겼고 해당 지역의 관할 경찰은 남자에게 범칙금을 부과하려 했지만 그럴 수 없었다.

답: 227쪽

★★☆☆

문제 131 만리장성을 보다

외국을 가본 적이 없는 미국인이 어느 날 평평한 땅 위에 서서 자신의 두 눈으로 만리장성을 보았다.

어떻게 된 일일까?

| 단서 |

남자는 사람들이 좀처럼 가지 않는 먼 곳까지 가서 만리장성을 보았다.

답: 227쪽

★★☆☆

문제 132 내 아들일세

한 남자가 아들과 함께 대서양을 건너는 비행기를 탔다. 남자는 승무원에게 부탁해 자기 아들에게 조종실을 구경시켜달라고 했고, 기장은 기꺼이 아이를 불러 조종실 이곳저곳을 보여주었다. 그런데 아이가 조종실을 떠나자 기장이 부기장에게 이렇게 말했다.

"저 아이가 내 아들이야."

어떻게 된 일일까?

| 단서 |

1. 기장은 아이의 의붓아버지나 할아버지가 아니다.
2. 아이와 함께 탑승한 승객은 아이의 아버지가 맞다.

답: 227쪽

문제 133

수출의 비결

★★★☆

1930년대 일본 수출업자들은 일본 제품에 대한 낮은 신뢰도에도 불구하고 당당하게 미국 시장에 진출했다.

과연 그 비결은 무엇이었을까?

| 단서 |

1. 일본의 수출업자들은 일본 내에서 공장을 옮겼다.
2. 일본의 수출업자들은 상품 정보를 기입할 때 이중으로 해석될 수 있는 문구를 넣었다.

답: 227쪽

문제 134 ★☆☆☆

홀인원

홀인원(골프에서 단 한 번의 티샷으로 공을 홀 안에 넣는 것) 한 번 쳐보는 것이 일생의 소원인 골퍼가 어느 날 정말로 홀인원을 쳤다. 그런데 골퍼는 평생의 소원을 이뤘는데도 전혀 기뻐하지 않았다.

왜 그랬을까?

| 단서 |

골퍼는 한 타를 쳤고 공은 정확히 홀 안으로 들어갔지만 홀인원으로 인정되지 않았다.

답: 228쪽

문제 135 ★★☆☆

제자리걸음

사막에서 길을 잃은 사람들은 사막을 벗어나기 위해 똑바로 걸어 나가려고 해도 결국 제자리로 돌아오는 경우가 많다고 한다.

무슨 이유 때문일까?

| 단서 |

우리가 '똑같다'고 생각하는 것들이 정말 똑같지만은 않다.

답: 228쪽

문제 136

까또지엠

★★★☆

프랑스에는 '까또지엠'(quatorzieme)이라는 직업을 가진 남자가 있다고 한다. 그는 저녁 시간에도 직장에 있을 때가 많다. 그런데 저녁 시간에만 가끔 일이 있을 뿐이고 평소에는 거의 일이 없다고 한다.

과연 어떤 일을 하는 사람일까?

| 단서 |

1. 남자는 일할 때 레스토랑에서 식사를 한다.
2. 남자는 항상 여러 사람들과 식사를 한다. 하지만 대부분은 만난 적도 없는 사람들이며 서로 공통점도 없는 경우가 많다.
3. 프랑스어로 까또즈(quatorze)는 14라는 뜻이다.

답: 228쪽

문제 137 ★★☆☆

모기 쫓는 라디오

폴란드의 한 라디오 방송은 청취자들을 위한 서비스의 일환으로 모기 퇴치용 주파수를 내보내기로 했다. 모기는 쫓아내고 인체에는 무해하다는 인증까지 받아서 서비스를 시작했지만 얼마 안 가 청취자들의 항의가 빗발쳤다.

왜 그랬을까?

| 단서 |

방송국에서 내보낸 것은 사람의 귀에는 들리지 않지만 모기를 쫓을 수 있도록 고안된 고주파수였다.

답: 228쪽

★★☆☆

자두나무의 수수께끼

이번 문제는 수수께끼다. 눈이 보이지 않는 한 남자가 탐스러운 열매가 달린 자두나무를 발견했다. 남자는 열매를 몽땅 따 가지도 않았지만 그렇다고 그대로 남겨두지도 않았다.

남자는 자두를 어떻게 발견했으며, 열매는 어떻게 한 것일까?

| 단서 |

남자는 자두나무를 보았으며, 열매를 가져갔다.

답: 229쪽

문제 139

냉정한 아내

★★★☆

늦은 시간에 집에 돌아온 아내가 거실 스위치를 켜자마자 깜짝 놀랐다. 자살한 남편의 신체 일부가 거실 바닥에 놓여 있었기 때문이다. 그러나 놀란 것도 잠시, 아내는 이내 커피 한 잔을 마시고 이런저런 집안일을 했다. 병원이나 경찰에는 연락하지 않았다.

왜 그랬을까?

| 단서 |

1. 거실에 남편의 유해가 있었지만 병원이나 경찰에 연락할 필요가 없었다.
2. 아내는 남편의 유해를 보고 놀라기는 했지만, 남편이 죽었다는 사실에는 놀라지 않았다.

답: 229쪽

문제 140

전구 도둑

★★★★

미국의 도심 지하철에 전구를 훔쳐가는 도둑이 많았다. 하지만 다행히 도둑들은 전구만 훔쳐가고 전구 소켓은 그대로 두었다. 소켓이 벽에 단단히 고정되어 있어서 떼어갈 수 없었기 때문이다.

시에서는 전구 도둑 문제를 어떻게 해결했을까?

| 단서 |

1. 시에서는 전구와 전구 소켓의 디자인을 바꿨다.
2. 손으로 전구를 돌리면 소켓과 분리되는 것은 여전하지만, 기술자나 관리자만이 전구를 분리할 수 있도록 만들었다.
3. 전구의 위치는 바뀌지 않았기 때문에 누구라도 손댈 수 있지만, 예전 같은 방법으로는 전구를 가져갈 수 없다.

답: 229쪽

문제 141

사막에서 오래 버티기

★★☆☆

사막에서 얼마나 오래 버틸 수 있는지 측정하는 특이한 내구성 시험에 자동차 운전자 두 명이 참가했다. 두 사람은 사막에서 160킬로미터의 거리를 1시간 이상 달리다가 돌아와야 하며, 더 오랫동안 버티다 돌아오는 사람에게 우승 상금이 주어진다고 했다.

두 사람은 최대한 천천히 차를 몰았다. 그러던 중 한 사람이 졸기 시작하자 다른 운전자는 차를 돌려 재빨리 사막에서 빠져나왔다.

왜 그랬을까?

| **단서** |

사막이라는 특수 상황이나 연료 소비 여부는 중요하지 않다. 정해진 거리를 운전하면서 더 오래 버티다가 마지막으로 돌아오는 사람이 승리하는 경주다. 운전자는 이 경주에서 우승하기 위해 되돌아왔다.

답: 229쪽

문제 142

★★★☆

작아진 가구

어느 가구 회사에서 제품의 크기를 20퍼센트씩 줄여서 생산하기로 했다. 키 작은 사람들을 위한 특수 제작품이 아니라면 가구를 작게 만드는 이유가 뭘까?

| 단서 |

1. 가구 회사는 특별한 집에 맞춰서 가구를 만들었다.
2. 이 가구를 구경할 사람은 많겠지만 실제로 사용할 사람은 없을 것이다.

답: 229쪽

문제 143 ★★★★

질병을 진단하는 곤충

예전에는 당뇨병을 진단하는 데 이 곤충을 사용했다고 한다.

이 곤충은 무엇이며, 어떤 방법으로 당뇨병을 진단했을까?

| 단서 |

1. 단 것을 매우 좋아하는 이 곤충의 특성을 이용한 방법이다.
2. 진단을 위해 이 곤충을 먹거나 인체에 직접적으로 접촉하지 는 않는다.

답: 230쪽

★★☆☆

문제 144 사장님은 천하장사

사장이 직원들을 보더니 이렇게 말했다.

"나랑 싸워서 날 이길 수 있는 사람은 아무도 없을걸?"

그러자 키가 2미터도 넘는 신입사원이 앞으로 나오며 사장에게 결투를 신청했다. 알고 보니 그는 한때 권투 챔피언이었다.

과연 사장은 이 신입사원을 어떻게 이겼을까?

| 단서 |

사장은 자신의 말을 지켰다. 그렇다고 해서 사장이 신입사원에게 주먹을 날리거나 항복하지는 않았다.

답: 230쪽

경기는 끝나지 않았다

★★☆☆

한 선수가 마라톤 대회 결승선을 통과하고도 계속해서 달렸다. 경기장에 있던 관계자들은 기나긴 마라톤이 끝난 뒤에도 멈추지 않는 선수의 모습을 보고 놀라워했다.

이 선수는 왜 계속해서 달렸을까?

| 단서 |

선수는 결승선에 도착했다는 사실을 알았지만, 계속 뛰어야 하는 이유가 있었다.

답: 230쪽

★★★☆

문제 146 이상한 골퍼

골프 선수 존스는 이번 대회에서 꼭 우승하겠다는 마음으로 그린 위에 섰다. 그는 홀을 주시하면서 주의 깊게 라인을 읽었다. 하지만 존스의 신중한 퍼트에도 불구하고 공은 홀에 들어가지 않고 그 너머로 날아갔다. 그런데 홀 너머로 날아간 공을 확인한 존스는 기쁨을 감추지 못했다.

어찌된 영문일까?

| 단서 |

1. 존스는 일반적인 경기 규칙을 따르는 골프 대회에 참가했다. 즉, 가장 적은 타수로 경기를 마치는 사람이 승리하게 된다.
2. 존스가 바로 전에 친 공이 몹시 안 좋았다.

답: 230쪽

문제 147

수학은 어려워

★★★☆

초등학교 3학년생이 써놓은 기초적인 방정식을 놓고 수학 교수 두 명이 서로 머리를 맞대고 있다. 한 사람은 방정식에 오류가 없다고 했지만, 다른 한 사람은 완전히 잘못된 방정식이라고 판단했기 때문이다.

이른바 전문가라는 사람들이 기초적인 방정식에 대해 이렇게 엇갈린 의견을 내놓은 이유는 무엇일까?

| 단서 |

1. 수학 교수들은 종이에 적힌 방정식을 보고 있다. 하지만 두 사람의 의견이 엇갈린 것은 아주 단순한 이유 때문이다. 그래서 한 사람은 '맞다'고 하고 또 다른 한 사람은 '틀리다'고 한 것이다.
2. 두 사람은 서로 마주 보고 있다.

답: 230쪽

공군 소속 만화가

★★★☆

미 공군이 일류 만화가를 고용해 그림을 그리게 했다. 미 공군에서는 왜 만화가의 그림이 필요했을까?

| 단서 |

1. 만화가는 공군을 위해 만화를 그렸지만, 오락을 목적으로 한 그림은 아니었다.
2. 만화는 조종사 훈련용으로 사용되었다.

답: 230쪽

샌드위치 덕분에

★★★★

한 남자가 먹다 남은 샌드위치를 책상에 올려놓고 퇴근했다. 남자는 그 덕분에 훗날 억만장자가 되었다고 한다.

남자는 어떻게 억만장자가 됐을까?

| 단서 |

1. 남자는 매우 유명한 사람이다.
2. 남자는 어떤 방문객이 책상 위에 놓인 샌드위치를 먹는 모습을 보고 결정적인 영감을 받았다.
3. 남자는 그림을 잘 그렸다.

답: 231쪽

★★★☆

문제 150 인정되지 않은 세계 신기록

실비아 에스터(Sylvia Ester)라는 동독의 올림픽 국가대표 수영 선수가 1967년 100미터 자유형에서 57.9초라는 세계 신기록을 냈다. 그러나 그녀의 기록은 주목받지도 인정받지도 못했다.

왜 그랬을까?

| 단서 |

1. 수영장을 비롯한 그 밖의 환경적인 조건에는 아무런 문제가 없었다. 기록을 인정할 수 없는 이유는 선수 자신에게 있었다.
2. 실비아 에스터는 여러 수영대회에서 우승한 유명한 선수였지만, 이번 경기에서는 이전과 다른 점이 있었다.

답: 231쪽

★★★☆

문제 151 서툰 외판원

한 외판원이 새로 나온 진공청소기를 판매하기 위해 어떤 집을 방문했다. 그는 진공청소기의 성능을 보여주겠다면서 준비해온 검댕을 카펫 위에 마구 흩뜨렸다. 그런데 진공청소기는 검댕을 전혀 빨아들이지 못했다.

어떻게 된 일일까?

| 단서 |

1. 진공청소기 자체에는 아무 문제가 없었다.
2. 외판원은 이 집을 방문하기 위해 먼 길을 운전해 왔다.

답: 231쪽

문제 152 ★★★★

엔지니어의 죽음

둑을 연구하던 한 엔지니어가 갑자기 사망했다.

어떻게 된 일일까?

| 단서 |

1. 엔지니어는 강둑에 서서 자신이 연구하고 있는 둑을 바라보고 있었으며, 강둑은 위험한 곳이 아니었다.
2. 엔지니어는 둑의 설계를 맡고 있는 담당자 때문에 사고를 당했다.
3. 엔지니어가 연구하는 둑은 특별했다. 엔지니어 역시 이런 둑에 대해서 들어본 적은 있었지만 눈으로 직접 본 것은 이번이 처음이었다. 이 둑에는 일반적인 건축 기술이나 기계 장비가 전혀 사용되지 않는다.

답: 231쪽

★★☆☆

문제 153 가장 빠른 뉴스

살인 혐의로 법정에 선 존 존스는 배심원단으로부터 유죄 판결을 받았고, 판사는 그에게 사형을 선고했다. 재판이 끝나고 집무실로 돌아온 판사는 커피 한 잔을 마신 뒤 테이블 위에 있는 신문을 집어드는 순간 몹시 당황하고 말았다. 신문 1면에 이미 '존 존스 유죄 판결 - 사형선고'라는 기사가 실려 있었기 때문이다.

재판 결과에 대한 기사가 이렇게 빨리 나올 수는 없는데 어떻게 된 일일까?

| 단서 |

신문사 편집자는 배심원이 어떤 판결을 내릴지 알 수 없었다. 그러나 일단 재판이 끝나기만 하면 바로 기사를 내보낼 수 있다고 확신했다.

답: 231쪽

문제 154

명중

★★★☆

한 남자가 발가벗고 있는 여자의 심장을 향해 방아쇠를 당겼다. 그런데 총알이 명중했음에도 불구하고 여자는 죽지 않았다.

어떻게 된 일일까?

| 단서 |

1. 남자가 쏜 권총에는 아무 이상이 없었으며, 사람을 죽일 수 있는 실탄이 발사되었다.
2. 여자의 직업은 그리 일반적이지 않다.

답: 232쪽

★★★☆

문제 155 유죄 입증

한 남자가 살인 혐의로 기소됐다. 하지만 사체를 발견하지 못해 혐의를 입증하기 어려운 상황이었다. 그런데 살해당한 줄 알았던 남자가 아직 살아 있으며 곧 법정에 나타날 것이라는 놀라운 증언이 나왔다. 사람들은 놀란 마음으로 그 남자를 기다렸지만 시간이 지나도 그는 나타나지 않았다. 바로 그때 검사가 피고인의 유죄를 증명했다.

검사는 어떻게 피고의 유죄를 입증했을까?

| 단서 |

1. 살해당한 남자가 나타날 것이라고 한 사람은 검사였다. 검사는 그가 법정에 나타나지 못한다는 사실을 알면서도 거짓말을 했다.
2. 피고인은 남자가 돌아오지 못한다는 것을 알고 있었다.

답: 232쪽

문제 156 ★★★☆

어리석은 위조범

어떤 사기꾼이 100달러짜리 위조지폐를 만들기 위해 몇 해 동안 연구한 끝에 자신이 봐도 구별이 안 되는 완벽한 위조지폐를 만들었다. 그러나 남자는 위조지폐를 한 번도 사용해보지 못한 채 경찰에 체포되고 말았다.

어떻게 된 일일까?

| 단서 |

1. 위조지폐는 남자가 보기에는 완벽했지만, 다른 사람들 눈에는 분명한 허점이 있었다.
2. 위조지폐를 완성한 날 아침, 남자는 교통법규 위반으로 경찰에 적발되었다.

답: 232쪽

문제 157

안 아파서 슬픈 환자

★★★☆

의사는 심한 통증을 호소하는 환자에게 정밀검사를 받게 했다. 검사를 마치고 치료도 받기 전에 통증이 사라졌지만, 환자는 오히려 슬픈 표정이었다.

왜 그랬을까?

| 단서 |

1. 환자는 의사의 지시에 따라 엑스레이 사진을 찍었다.
2. 환자는 엑스레이 검사 결과가 자신에게 불리한 증거로 채택될 수 있다는 경고를 받았다.

답: 232쪽

문제 158 도둑의 정체 ★★★★

어느 부부가 믿을 만한 이웃집에 집 열쇠를 맡겨두고 휴가를 떠났다. 그러나 부부가 집에 돌아왔을 때는 이미 웬만한 귀중품과 보석은 말할 것 없고, 비디오 장비처럼 값나가는 것은 모두 도둑맞은 상태였다. 누군가가 외부에서 침입한 흔적은 보이지 않았고 사건은 더욱 미궁에 빠졌다.

대체 무슨 일이 일어난 걸까?

| 단서 |

1. 이웃집 사람은 범인이 아니다.
2. 이웃집 사람은 부부의 집에 누군가를 들여보낸 적은 있지만, 방문객의 일거수일투족을 직접 확인했다.
3. 부부가 휴가를 떠난 사이에 어떤 물건이 잘못 배달됐다.

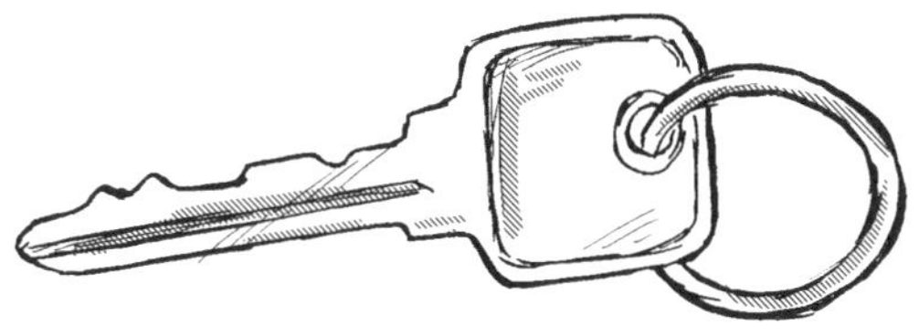

답: 232쪽

문제 159 ★★★★

밀실 살인

중년의 여인이 고급 접시 세트가 진열된 자신의 침실에서 살해당한 채 발견되었다. 경찰 조사 결과, 살해당한 여인은 건강에 아무 이상이 없었으며 죽기 전날에도 평소와 다름없이 쇼핑을 했다. 게다가 최근에 그녀의 집을 방문한 사람도 없어서 사건은 더욱 미궁에 빠졌다.

여자에게 무슨 일이 일어났던 것일까?

| 단서 |

1. 여자는 독살되었다. 그러나 집에 있는 음식에서는 아무것도 발견되지 않았다.
2. 여자는 고급 접시 세트를 많이 갖고 있었지만 시장이나 매장으로 가서 사지는 않았다.
3. 여자는 죽기 전날 잡화점과 우체국을 다녀왔다.

답: 233쪽

★★★☆

문제 160 도랑에 빠진 여인

아름다운 여인이 농장을 이리저리 거닐다가 15센티미터 깊이의 도랑으로 걸어 들어갔다.

무슨 사연이 있는 걸까?

| 단서 |

1. 여자의 직업은 영화배우다.
2. 여자는 이렇게 해서라도 키가 작아 보이게 하고 싶었다.

답: 233쪽

문제 161

박물관 도둑 ★★★★

박물관 전시실 한가운데에 매우 값진 금제 화병이 전시되어 있다. 박물관에서는 보안을 위해 화병 둘레에 전기장을 만들었는데, 어떤 물체가 닿으면 즉시 경보가 울리면서 보안요원들이 출동했다.

이러한 보안장치에 도전장을 낸 도둑이 있었으니, 그는 전시실에 침입해서 금제 화병을 눈앞에 두고 있던 참이었다. 그러나 이대로 화병을 훔쳤다가는 박물관을 빠져나가기도 전에 보안요원들에게 잡힐 것이 뻔했다.

도둑은 어떻게 삼엄한 경비를 뚫고 화병을 훔쳐갔을까?

| 단서 |

1. 도둑은 화병 근처에 있는 청소도구함 속에 숨었다.

2. 도둑은 보안요원들이 경보를 무시하게 만들었다.

답: 234쪽

★★★★

문제 162 총을 쏜 경찰

경찰의 총에 맞아 한 여자가 목숨을 잃었다. 그러나 여자를 살해한 혐의로 체포된 사람은 경찰이 아닌 다른 사람이었다.

어떻게 된 일일까?

| 단서 |

1. 경찰이 여자를 쏜 것은 고의적인 행동이 아니었다.
2. 여자를 살해한 혐의로 체포된 남자는 여자를 위험에 빠뜨렸다.
3. 경찰은 여자를 구하려고 했다.

답: 234쪽

문제 163 ★★★☆

우주왕복선

천둥 번개가 치고 비가 쏟아지는 어느 날, 여객기는 이륙했지만 우주왕복선은 발사가 취소되었다.

왜일까?

| 단서 |

1. 우주왕복선이 발사되지 못한 이유는 기체의 재질이나 무선 통신과는 아무 상관이 없다.
2. 문제가 되는 것은 우주왕복선의 진행 방향과 분사가스이다.

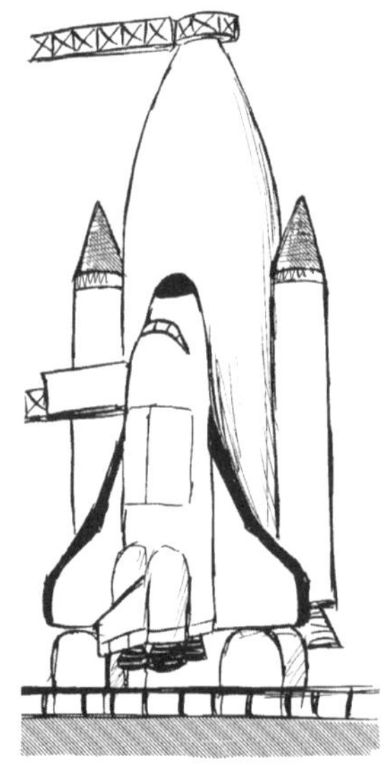

답: 234쪽

문제 164 ★★★☆

무서운 기차 여행

한 남자가 기차 여행 중에 잠에서 깨어 창밖을 내다봤더니 자신이 탄 기차가 6미터 상공 위에 매달려 있었다.

어떻게 된 일일까?

| 단서 |

1. 이 구간에서는 이런 일이 자주 일어나며, 그로 인해 중요한 변화가 생긴다.
2. 이 기차를 처음 타본 사람들은 기차가 공중에 매달릴 때마다 깜짝 놀라긴 하지만 곧바로 사정을 알아차리고는 안심한다.

답: 234쪽

문제 165 ★★★☆

기름칠의 이유

한 남자가 낯선 사람의 머리에 기름을 칠하고 있다.

왜일까?

| 단서 |

1. 남자는 좋은 일을 하기 위해 낯선 사람의 머리에 기름을 발랐고, 상대방은 기름을 발라주는 남자를 고맙게 생각했다.
2. 기름을 발라준 남자는 유니폼을 입었고, 상대방은 유니폼을 입지 않았다.

답: 235쪽

문제 166

참견쟁이 룸메이트

★★★☆

대학 기숙사에 함께 살고 있는 주디의 룸메이트는 게으르고 이기적인 데다가 예의라고는 모르는 참견쟁이다. 어느 날 주디는 룸메이트의 손에 절대 들어가게 하고 싶지 않은 편지 한 통을 받았다. 하지만 룸메이트는 주디가 수업을 들으러 간 사이에 책상을 뒤져서 편지를 훔쳐볼 것이 분명했다.

불안해서 견딜 수 없던 주디는 이 문제를 어떻게 해결했을까?

| 단서 |

1. 주디는 룸메이트와 같이 쓰는 방 안 어딘가에 편지를 숨겼고, 그곳이 자신의 책상보다 안전했다고 생각했다.
2. 룸메이트는 학교 성적이 좋지 않았다.

답: 235쪽

★★★☆

문제 167 엉터리 장비

한 남자가 값비싼 장비를 들고 여행을 떠났다. 하지만 막상 목적지에 도착해보니 장비는 고장나지 않았지만 아무 쓸모가 없었다.

왜 그랬을까?

| 단서 |

1. 값비싼 장비는 다름 아닌 시계였다.
2. 남자는 시계를 차고 여행을 떠났지만 그곳은 지정된 시간대가 없는 지역이었다.

답: 235쪽

문제 168

뒤로 물러서시오

★★★☆

브라질에서 런던으로 가는 여객기에서 기장이 다음과 같은 안내방송을 내보냈다.

"모든 승객들은 자리에서 일어나 비행기 뒤쪽으로 물러나주십시오."

대체 무슨 일이 벌어진 걸까?

| 단서 |

1. 비상사태로 인해 승객들이 위험에 처했다.
2. 여객기의 비행 상태나 중량 분산에 이상이 생긴 것은 아니다.

답: 235쪽

문제 169 ★★★☆

경찰의 방문

일본 도쿄에서는 차를 사려고 하면 경찰이 집으로 찾아온다고 한다.

그 이유는 무엇일까?

| 단서 |

1. 차를 사려는 사람의 운전 실력이나 차의 상태를 확인하려는 것은 아니다.
2. 도쿄의 인구는 1,200만 명이 넘는다.

답: 235쪽

★☆☆☆

문제 170 물이 없는 강

이번 문제는 수수께끼다. 이곳에는 강은 있는데 물이 없고, 도시는 있는데 건물이 없으며, 숲은 있는데 나무는 없다.

이곳은 어디일까?

| 단서 |

1. 자연계에 존재하는 장소는 아니다.
2. 이곳에서는 어느 산이든지 쉽게 넘어갈 수 있다.
3. 이곳에 있는 강과 도시와 숲은 모두 지구상에 실제로 존재한다.

답: 235쪽

거꾸리와 장다리

★★★☆

힘세고 건장한 체구의 사람들이 한날한시에 단체로 몰려와서는 키 작고 볼품없는 체구의 사람들이 시키는 대로 하고 있었다.

대체 무슨 일일까?

| 단서 |

1. 키 큰 사람들과 키 작은 사람들은 모두 같은 활동을 했다.
2. 키가 큰 사람들은 힘이 좋고, 작은 사람들은 몸이 가볍고 판단력이 좋았기 때문에 이 활동을 함께 할 수 있었다.

답: 236쪽

문제 172

★★★☆

동상 옮기기

마을 광장 한가운데에 놓인 커다란 받침대 위로 대형 동상을 옮기려고 한다. 끈으로 묶지 않고는 옮길 방법이 없어서 동상 아랫면에 끈을 둘러 들어올렸다. 인부들은 동상을 받침대 위에 올려놓은 뒤 바닥에 깔려 있는 끈을 빼냈다. 동상의 아랫면은 평평해서 끈을 빼낼 만한 공간이 없었는데 어떻게 한 걸까?

| 단서 |

1. 승강대나 지렛대, 활강 운반 장치 등은 사용하지 않았다.
2. 동상을 옮겨놓을 때 위에서 떨어뜨리거나 기울여서 내려놓지도 않았다.
3. 끈을 이용해서 동상을 내린 다음 끈을 제거했다.
4. 동상이 받침대 위에 완전히 내려앉기까지는 다소 시간이 걸렸다.

답: 236쪽

문제 173 ★★★☆

무료 서비스는 싫어

남자는 잘 알려진 기관에서 운영하는 유료 서비스를 정기적으로 이용하는 고객이다. 이 기관에서 일주일의 특별 행사 기간 동안 기존의 서비스를 10분의 1 가격으로 제공하는 행사를 벌였다. 하지만 남자는 특별 할인을 받지 않고 기존과 같은 요금을 냈다.

왜 그랬을까?

| 단서 |

1. 남자가 할인을 받지 않은 까닭은 미래에 더 큰 이익이 생길 것을 기대했기 때문이다.
2. 남자는 수집가였다.

답: 236쪽

문제 174 남북전쟁 덕분에

★★☆☆

미국에서 남북전쟁이 일어나자 세계 여러 곳의 가뭄이 줄어들었다고 한다.

왜 그랬을까?

| 단서 |

남북전쟁 덕분에 강우량을 증가시키는 기술이 개발됐다.

답: 236쪽

문제 175 계곡을 건너는 방법

★★★☆

깊은 계곡 사이에 현수교(양쪽 언덕에 줄이나 쇠사슬을 건너지르고 거기에 의지해 매달아놓은 다리)를 놓으려고 한다. 그런데 계곡이 넓고 급류가 심해서 배로는 강을 건널 수가 없었다.

엔지니어들은 그 무거운 현수교 케이블을 어떻게 옮겼을까?

| 단서 |

1. 이것은 백여 년 전의 일이며, 비행기나 로켓은 사용하지 않았다.
2. 강을 건너려면 수백 킬로미터 떨어진 하류까지 내려가야 했다.

답: 236쪽

문제 176 전쟁이 끝난 날

★★☆☆

소아시아의 리디아 왕국과 메디아 왕국 사이에서 일어난 전쟁이 끝난 날은 오늘날의 그레고리력을 기준으로 정확히 기원전 585년 5월 28일이다. 날짜에 대한 기록이 전혀 남아 있지 않은데 학자들은 이 사실을 어떻게 알아냈을까?

| 단서 |

두 왕국 사이의 전쟁이 끝난 날 이례적인 사건이 발생했다. 오늘날에는 이 사건이 일어나는 날짜를 꽤 정확하게 알아낼 수 있다.

답: 237쪽

★★★☆

문제 177 12의 비밀

역사상 지금까지 단 12명만이 이루어낸 놀라운 업적이 있다.
이 업적은 무엇일까?

| 단서 |

1. 이 업적을 이뤄낸 12명은 모두 남자다.
2. 돈이 많거나 영향력이 있거나 타고난 재능이 있어서가 아니라 특별 훈련을 받은 덕분에 이러한 업적을 이룰 수 있었다.
3. 모두 1960~1970년대에 이 업적을 이뤘다.

답: 237쪽

문제 178 ★★★☆

강을 건너서

아메리카 개척 시대의 초창기에 한 무리의 사람들이 강을 건너려 하고 있었다. 강에는 다리나 배가 없었으며, 배를 만들 수 있는 도구도 없었다. 사람들은 수영을 할 줄 몰랐지만 넓고 깊은 강을 무사히 건넜다.

이들은 어떤 방법을 썼을까?

| 단서 |

1. 사람들은 물에 젖지 않고 강을 건넜다.
2. 사람들은 아무 도구도 없이 쉽게 강을 건넜다.

답: 237쪽

문제 179 브루넬레스키의 달걀

★★★☆

필리포 브루넬레스키(Filippo Brunelleschi, 1377~1446)는 이탈리아 르네상스 시대를 대표하는 조각가이자 건축가, 금세공사다. 1417년에 완공된 피렌체 대성당의 돔이 바로 그의 대표작이다.

브루넬레스키는 이 대성당의 돔을 제작하기 위해 치열한 경쟁을 치러야 했는데, 자신이 직접 낸 내기에서 승리하여 경쟁에서 이길 수 있었다고 한다. 그 내기란 다른 도구를 전혀 사용하지 않고 평평한 책상 위에 달걀을 똑바로 세우는 일이었다.

그는 어떻게 달걀을 똑바로 세웠을까?

| 단서 |

1. 책상은 수평으로 놓여 있는 평평한 책상이며, 달걀은 일반적인 날달걀이었다.
2. 브루넬레스키는 어떤 도구도 쓰지 않고 날달걀을 책상 위에 세웠다.
3. 다른 경쟁자들은 달걀을 세우는 방법의 허용 조건을 잘못 생각하고 있었다. 그 때문에 브루넬레스키와 같은 발상을 할 수 없었다.

답: 237쪽

문제 180

대형 사고

★★☆☆

조심성 없는 남자가 운전 중에 교통사고를 일으켰다. 다행히 사고를 일으킨 남자와 상대방 운전자 모두 안전벨트를 하고 있어서 부상은 입지 않았다. 하지만 상대방의 차에 타고 있던 다른 승객은 안전벨트도 매지 않은 상태로 크게 다치는 바람에 온몸이 찢기고 두 다리를 잃는 중상을 입고 말았다. 그러나 법원은 사고를 일으킨 남자에게 소액의 벌금형을 내리는 데 그쳤다.

왜 그랬을까?

| 단서 |

사고를 일으킨 남자의 차는 흰색이었고, 사고를 당한 차는 검은색이었다.

답: 237쪽

★★☆☆

문제 181 바람의 진실

햇살 좋은 어느 날, 한 남자가 행복한 얼굴로 바람을 맞으며 태양 아래 서 있다. 남자는 이 바람이 멈추면 죽은 목숨이나 다름없다는 사실을 알고 있다. 왜일까?

| 단서 |

1. 남자는 가만히 서 있었지만 천천히 움직이고 있었다.
2. 남자가 지금 하고 있는 일에는 바람의 도움이 필수적이다.
3. 정치적인 상황과 관련이 있다.

답: 237쪽

문제 182

죽음의 바위

★★☆☆

한 남자가 일을 하다가 바위를 스치고 지나가더니 몇 분 후에 사망했다.

어떻게 된 일일까?

| 단서 |

1. 남자는 부상을 당하지는 않았다.
2. 바위 때문에 남자의 옷이 찢어졌다.

답: 237쪽

문제 183 ★★★★

사회복지가 필요 없는 도시

사회복지사업은 모든 사회에 꼭 필요하다. 그런데 다른 나라의 수도에 비해 사회복지사업 비용이 현저하게 낮은 도시가 있다. 이곳의 사회복지사업 비용은 국가 예산에 비해서도 상당히 낮은 비율을 차지하고 있다.

무슨 이유 때문일까?

| 단서 |

1. 이 도시의 사회복지 비용이 적은 것은 다른 도시에 비해 해당 분야의 수요가 없기 때문이다.
2. 수요가 없는 분야는 소방 방재 산업이다.
3. 이 도시가 특별히 춥거나 습도가 높은 곳은 아니지만, 지리적으로 화재 발생 위험이 낮다.

답: 238쪽

문제 184 ★★★☆

남자의 사연

한 남자가 식탁 의자를 들고 버스정류장에 서 있다.
무슨 사연일까?

| 단서 |

1. 의자가 있으니 편하게 앉아서 기다리면 좋으련만 남자는 의자에 앉지 못했다.
2. 남자는 의자 때문에 기분이 좋지 않다.
3. 버스에 탄 남자는 요금을 낼 때도 애를 먹었다.

답: 238쪽

★☆☆☆

문제 185 타이츠를 입은 사나이

한 남자가 타이츠를 입고 바닥에 쓰러져 있고, 그의 옆에는 돌덩어리가 하나 놓여 있다.

이 남자는 누구이며, 그에게 무슨 일이 일어난 걸까?

| 단서 |

1. 남자는 돌덩어리 때문에 쓰러졌지만, 돌에 맞은 것은 아니다.
2. 남자는 위험천만한 상황을 많이 겪었다.
3. 타이츠를 입고 있으면 많은 사람들이 그를 알아본다.
4. 남자는 실제로 존재하는 인물이 아니다.

답: 238쪽

문제 186 ★★★★

키가 줄었어요

한 남자가 일을 마치고 저녁에 돌아왔더니 키가 3센티미터나 줄어 있었다. 왜일까?

| 단서 |

1. 남자는 많은 체력을 요하는 직업을 가졌으며 그만한 체력이 있는 건강한 사람이다.
2. 남자는 근무 도중에 일어난 사고로 키가 줄었다. 하지만 몸의 일부가 잘려나가지는 않았다.
3. 남자는 온몸에 엄청난 힘을 받았다.

답: 238쪽

문제 187 ★★★★

사라진 여행지

한 남자가 오랫동안 꿈꿔온 지역으로 여행을 떠나기 위해 거금을 썼다. 그런데 여행에서 돌아와보니 그가 다녀온 곳은 그가 가고자 했던 곳이 아니었다.

그곳은 어디였을까?

| 단서 |

1. 남자가 가고 싶었던 곳은 유명한 곳이지만 실제로 가본 사람은 거의 없다.
2. 남자는 그곳에 가서 자신이 원하던 것을 보았다. 그런데 나중에 알고 보니 이제 그곳은 자신이 가고 싶던 곳이 아니었다. 그렇지만 남자를 속인 사람은 없었다.
3. 이곳의 위치는 지도에 표시되어 있지만 육지 위에 있는 곳은 아니다.

답: 238쪽

문제 188 ★☆☆☆

불공평한 시험

벤과 제리는 필기시험을 보고 있는 중이다. 벤은 시험지를 받아 들더니 문제를 한 번 훑어보고는 팔짱을 낀 채 앉아 있었다. 반면 제리는 열심히 답을 썼다.

시험 시간이 끝나자 벤은 답을 하나도 적지 않은 시험지를 제출했고, 제리는 빼곡히 답을 적은 시험지를 제출했다. 그러나 벤은 시험에서 A를 받았고 제리는 C를 받았다.

어떻게 된 일일까?

| 단서 |

1. 벤과 제리는 시험 결과에 합당한 점수를 받았다.
2. 시험 자체에 특이 사항이 있었다.
3. 제리는 시험을 볼 때 좀 더 주의를 기울일 필요가 있었다.

답: 239쪽

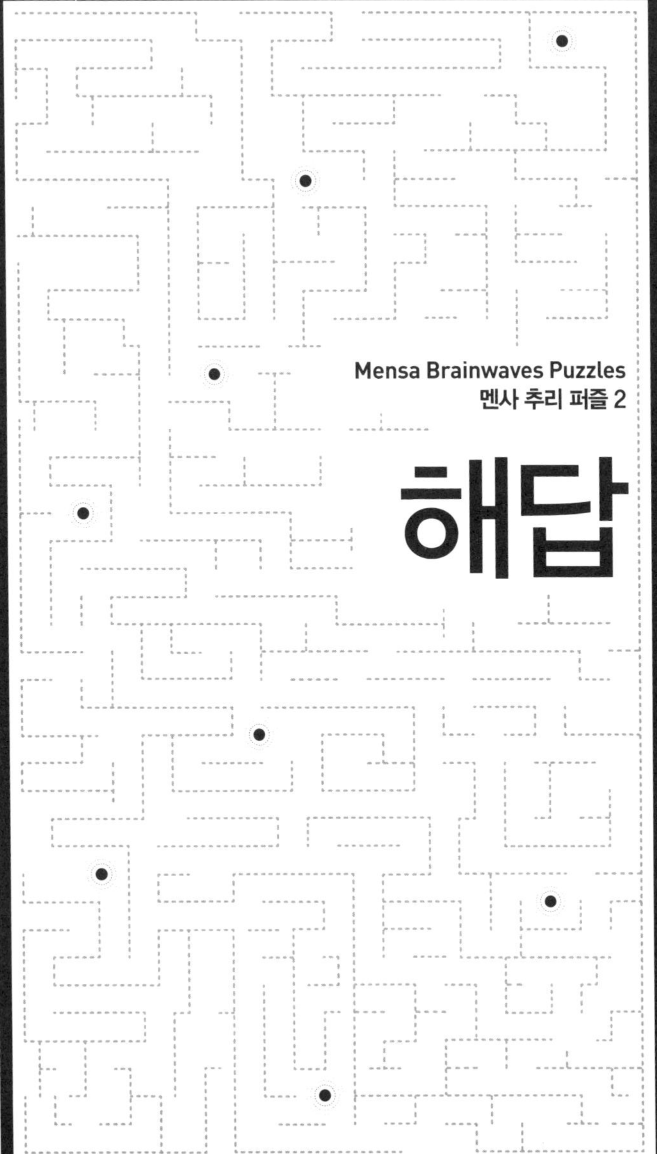

Mensa Brainwaves Puzzles

멘사 추리 퍼즐 2

해답

001 나는 책을 복사하고 있었다.

002 여자가 다니는 회사 건물은 가파른 언덕에 위치해 있다. 그래서 출근할 때는 버스를 타고 200미터 떨어진 정류장까지 올라간 뒤에 언덕을 걸어 내려오고, 퇴근할 때는 100미터 떨어진 정류장까지 걸어 내려가서 버스를 탔던 것이다.

003 이 여학생은 프랑스어 구두시험을 앞두고 멀쩡한 팔에 일부러 깁스를 했다. 이렇게 하면 깁스 한 팔을 본 시험관이 다친 팔에 관심을 갖고 상처나 사고에 관한 이야기를 물어볼 거라고 생각했기 때문이다. 여학생은 어쩌다가 팔을 다쳤는지 설명하는 연습을 했고, 이 예상은 정확하게 적중했다.

004 미국 회사에서는 주문서에 배송 희망일을 기재할 때 미국식 표기법에 따라 월/일/년도 순으로 표기했다. 그러나 유럽 회사에서는 주문서에 기재된 배송 희망일을 유럽식 표기법에 따라 일/월/년도 순으로 해석했다. 예를 들어 미국 측에서 1995년 7월 5일에 배송받기 위해 '7/5/95'라고 써서 보내면, 유럽 측에서는 해당 물건을 1995년 5월 7일에 발송하는 착오가 생긴 것이다.

005 아버지는 진이 담긴 술병을 냉동고에 보관하였다. 물의 어는점은 0도이지만, 술은 그 술의 알코올 도수만큼 영하로 내려가야 한다. 때문에 아버지가 마시던 술은 냉동고에서도 좀처럼 얼지 않았지만 물이 담긴 병은 이미 얼어 있었던 것이다.

006 펜타곤이 건립된 1940년대의 버지니아 주는 여전히 흑백 분리정책을 고수하고 있었다. 때문에 백인들과 다른 화장실을 쓰도록 하기 위해 흑인용 화장실을 추가로 만든 것이다.

007 0부터 9까지 영어로 읽었을 때의 알파벳순으로 정렬한 숫자이다.

8(eight) **5**(five) **4**(four) **9**(nine) **1**(one) **7**(seven) **6**(six) **3**(three) **2**(two) **0**(zero).

008 우체부는 담장 밖에서 담장을 따라 걸었다. 그러자 사나운 개는 담장 너머로 보이는 그의 모습을 쫓아가며 짖어댔고, 그렇게 담장을 몇 바퀴 돌자 개가 묶여 있던 줄이 나무에 칭칭 감기게 되었다. 우체부는 줄이 충분히 짧아진 것을 확인한 뒤 현관으로 걸어가 우편함에 편지를 넣고 나왔다.

009 카펫을 아래 그림과 같이 자르면 된다.

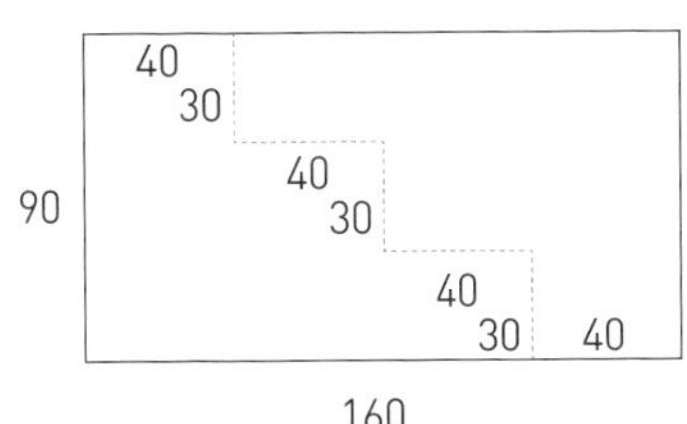

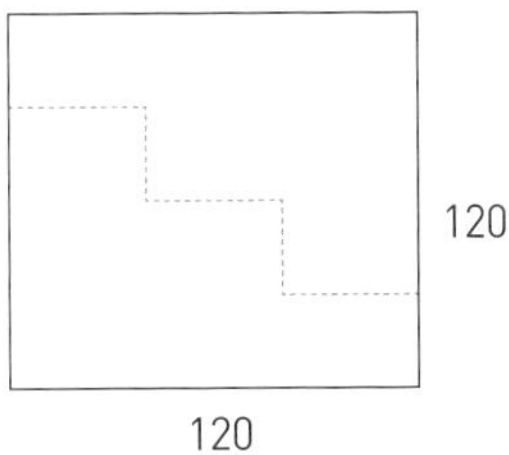

010 비서가 가져간 것은 하나뿐인 우편함 열쇠였다. 그 열쇠를 우편으로 보냈으니 잠겨 있는 우편함에 열쇠를 넣은 꼴이 된 것이다.

011 남자는 그 책의 작가였다. 외국을 방문 중이었던 작가는 서점에 갔다가 자신의 책이 번역되어 서점에 진열되어 있는 것을 보았다. 책에 있는 글자를 단 한 글자도 읽을 수 없었지만 남자는 기쁜 마음으로 번역서를 사서 친구들에게 보여주었다.

012 살바도르 달리는 일곱 살이 되던 해에 세상을 떠났다. 9개월 뒤 살바도르 달리의 동생이 태어나자 그의 부모님은 동생에게 형과 똑같은 이름을 지어주었다. 유명한 초현실주의 화가가 된 사람은 살바도르 달리의 동생인 살바도르 달리였다.

013 주식중개인은 이제 막 사업을 시작한 사람이었다. 그는 고객을 확보하기 위해 부유층 4천 명의 메일 주소로 주가 예측 보고서를 보냈다. 맨 처음에는 IBM사의 주가가 오를 것이라는 내용을 2천 명에게 보내고, 나머지 2천 명에게는 IBM사의 주가가 떨어질 것이라는 내용의 보고서를 보냈다. 그리고 일주일 뒤, 예측이 맞아떨어진 보고서를 받았던 2천 명을 다시 절반으로 나눠서 이전과 동일한 방법으로 엑손의 주가 예측 보고서를 보냈다. 주식중개인은 이번에도 제대로 된 보고서를 받아 본 1천 명을 대상으로 다시 보고서를 보냈다. 이렇게 여섯 번을 반복하자 지금까지 정확하게 예측한 보고서만을 받은 사람은 62명으로 줄어들었다. 이제 이 사람들은 이 주식중개인의 예측을 완전히 신뢰하게 된 것이다! 이때를 기다렸던

주식중개인은 62명의 사람들에게 전화를 걸어 자신에게 투자를 맡겨보라고 권유했고, 덕분에 많은 고객을 유치할 수 있었다.

014 미국과 소련에서 발사한 미사일은 대기권을 통과했다가 다시 돌아오는 과정에서 지구 자전의 영향을 받는다. 양쪽에서 미사일이 날아가는 동안에도 지구는 서쪽에서 동쪽으로 자전을 하고 있기 때문에 서쪽 방향으로 날아간 미사일이 목적지에 더 빨리 도달할 수밖에 없다. 모스크바와 뉴욕은 대서양을 기준으로 보면 각각 동쪽과 서쪽에 위치해 있으므로 모스크바에서 쏜 미사일이 목적지에 더 빨리 도달한다.

015 남자는 미국을 여행 중인 한국 사람이었다. 숙소에 있던 남자는 갑자기 심장발작이 일어나서 구급차를 부르려 했지만 몹시 당황한 나머지 미국의 응급 전화번호인 911 대신 한국에서 쓰는 119번으로 전화를 걸었다.

016 내가 통과한 곳은 개찰구의 입구가 아니라 출구였다. 나는 이미 지하철을 타고 와서 출구로 나가는 중이었고, 줄 서 있는 사람들은 지하철 표를 사려고 기다리고 있었다. 그러니 나는 줄을 서지 않고 바로 개찰구를 통과해 사람들이 서 있는 긴 줄을 보란 듯이 지나쳐 간 것이다.

017 남자는 바지를 갈아입었다. 갈아입은 바지에도 마침 5달러가 들어 있었는데, 남자는 이 돈을 발견한 순간 어제 찾은 돈이 없어졌다고 착각한 것이다.

018 미행을 당한 남자는 자신의 고용주에게 산업재해에 대한 배상금을 요구한 사람이었다. 남자는 자신이 허리를 다쳐서 허리를 굽힐 수 없을 정도라고 주장했지만 고용주는 사립탐정을 고용해서 남자의 거짓말을 밝히려 했다. 사립탐정의 카메라에는 남자가 구멍 난 타이어를 살펴보려고 허리를 구부리고 있는 사진이 찍혀 있었다.

019 독약은 노인의 틀니 안에 묻어 있었다.

020 울람 교수는 교내 도서관으로 가서 사라진 학생들의 도서 대출 기록을 조회했다. 지난 한 달 동안 학생들이 빌려간 도서 목록의 공통점을 분석한 결과 모든 자료가 로스알라모스의 실험과 관련된 내용들이었다. 울람 교수는 그렇게 해서 학생들이 로스알라모스의 실험과 관계가 있음을 알아냈다.

021 존은 지금 막 태어난 신생아였다. 태아는 배 속에서는 탯줄을 통해 산소를 공급받다가 세상으로 나온 후부터는 폐로 호흡하게 된다. 의사는 존이 울음을 터뜨려서 폐호흡을 할 수 있도록 도와준 것이다.

022 두 남녀는 50년 전 함께 암벽등반을 하다가 추락하는 사고를 겪었고, 남자는 구조됐지만 여자는 빙하에 갇히고 말았다. 50년의 세월이 흐른 후 발견된 여자의 시신은 예전 모습 그대로였지만 남자는 노년의 신사가 된 것이다.

023 경찰 교육 매뉴얼에 포함된 이것은 바로 경찰견을 훈련시킬 때 사용하는 용어들이다. 잘 훈련된 경찰견은 해당 명령을 내리는 사람이면 누구라도 따를 수 있다. 그렇기 때문에 미국에서 경찰견을 훈련시킬 때는 미국 사람들이 거의 쓰지 않는 언어인 체코어나 헝가리어를 사용한다.

024 살해당한 아내는 이미 수년 전에 남편이 자신을 죽인 것처럼 꾸미고 애인과 함께 도망친 여자였다. 남자는 아내를 살해한 혐의로 20년형을 선고받았고, 감옥에서 풀려난 뒤 이번에는 진짜로 아내를 살해한 것이다. 하지만 법률상 규정된 일사부재리의 원칙(한 번 판결이 난 사건에 대해서는 다시 공소를 제기할 수 없다는 원칙)에 따라 남자를 풀어줄 수밖에 없었다.

025 이 학생은 현재 임신 중이다. 그러므로 자기 자신과 태아의 뼈를 합치면 네 개가 된다. 게다가 지금 손에 대퇴골 표본을 하나 들고 있으니 모두 더하면 다섯 개가 맞다.

026 고치기 전의 창문과 고친 후의 창문은 아래와 같다. 고치기 전 창문의 넓이는 1,800cm^{2}이고 고친 후의 창문 넓이는 3,600cm^{2}이므로, 정확히 두 배가 된다.

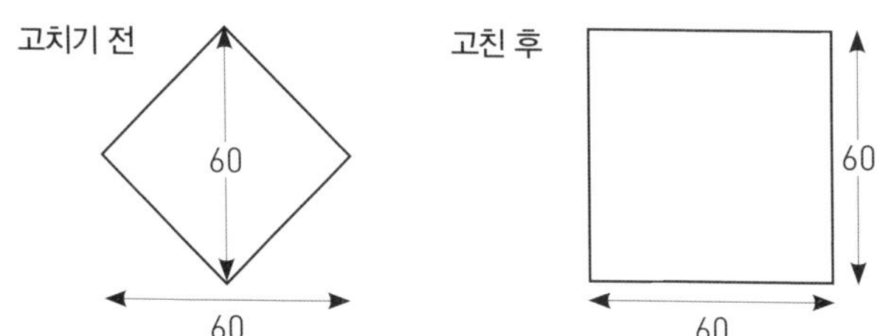

027 둘이 함께 타고 있던 지하철에 갑자기 강도가 나타났다. 강도가 승객들의 돈을 빼앗아 챙기면서 이들에게 다가오고 있는 찰나에 돈을 갚겠다면서 100만 원을 건넨 것이다.

028 테드 번디는 자기 집에서도 지문을 남기지 않았다. 모든 물건에서 지문의 흔적을 지우는 그의 강박적인 행동이 증거로 인정되어 유죄 판결을 받았다.

029 전기 작가는 마리 퀴리의 전기를 쓰고 있었다. 마리 퀴리는 폴란드 출신의 과학자로, 방사능 연구에 많은 공로를 세웠다. 그녀의 연구 성과는 노벨상을 두 번이나 받을 만큼 대단한 것이었지만 마리 퀴리 본인은 방사능 노출로 인한 백혈병으로 사망했다. 전기 작가는 마리 퀴리에 대한 자료를 찾기 위해 그녀가 남긴 노트와 소지품, 실험기구까지 수집했다. 그러나 불행히도 마리 퀴리와 관련된 자료와 물건들 역시 이미 방사능에 노출된 상태였기 때문에 이를 수집한 전기 작가도 그 후유증으로 사망하고 말았다.

030 그 사람은 내가 잘 아는 사람의 일란성 쌍둥이 형제였다. 그 사람에 대한 이야기를 들은 적도 없고 만난 적도 없지만 나의 지인에게 일란성 쌍둥이 형제가 있다는 사실은 알고 있었다.

031 수십억을 들여서라도 찾는 물건은 바로 사고 여객기의 블랙박스(비행기록장치)다. 블랙박스에는 비행 중의 모든 정보가 기록되어 있기 때문에 항공기 사고의 원인을 규명하고 재발을 방지하는 데 필수적이다.

032 카인과 아벨은 철도 사업의 초창기에 가축 수송 열차를 운영하던 경쟁자였다. 아벨이 수송 요금을 원가 이하로 낮추자 카인은 열차 수송 사업에서 손을 떼고 대신 가축을 사들여 가축 매매를 시작했다. 가축을 팔게 된 카인은 아벨이 운영하는 최저가의 수송 열차 덕분에 운임을 대폭 줄여 큰 이윤을 남길 수 있었다.

033 남자는 신발 한 짝을 바위 뒤에 숨기고, 한참을 더 올라가서 나머지 한 짝을 숨겼다. 이렇게 하면 산을 오르내리는 사람들이 처음에는 한 짝만 있기 때문에 가져가지 않을 것이고, 나중에 혹여 나머지 한 짝을 발견하더라도 오던 길을 다시 되돌아가지는 않을 것이라고 계산한 것이다.

034 경찰에 체포된 강도들이 오기 직전에 이미 다른 강도들이 은행을 털어 갔다.

035 청년은 최초의 사진기 앞에 앉아서 자신의 사진을 찍도록 허락했다. 20분간의 부동자세는 사진을 찍기 위한 포즈였다.

036 남편이 말한 8시는 저녁 8시였지만 실제로 집에 들어온 시각은 다음 날 아침 8시 2분이었다.

037 왕은 두 남자에게 세상에게 가장 안전한 금고실을 제작하라고 주문했다. 금고실이 완성되어 금은보화를 안전하게 옮기고 난 뒤에, 왕은 이곳의 비밀이 누설될 것을 염려하여 두 사람을 없앴다.

038 매주 금요일 아침이면 청소하는 아주머니가 이 병실을 다녀갔다. 아주머니는 진공청소기를 썼는데, 플러그를 꽂아 쓰기 편한 자리에 꽂는다는 것이 그만 환자의 인공호흡기 플러그를 빼고 그 자리에 청소기 플러그를 꽂았던 것이다. 인공호흡기의 전원이 꺼지자마자 환자들은 숨을 쉬지 못해 괴로워했지만 환자들의 신음 소리는 진공청소기 소리에 묻혀버렸고, 아주머니는 아무렇지도 않게 청소를 했다. 청소를 끝내고 다시 플러그를 꽂을 때쯤이면 환자는 이미 숨을 거둔 뒤였다.
이 사건은 남아프리카 신문에 실제 일어난 사건으로 보도된 적이 있으며, 지금은 일종의 괴담처럼 인구에 회자되고 있다.

039 답은 투표다. 같은 투표를 하루에 두 번 이상 하면 선거법에 저촉되어 처벌을 받는다.

040 강도들은 사이렌 소리를 듣자마자 차에 실었던 텔레비전을 다시 창고에 내려놓았다. 강도들은 경찰이 도착하자 배송이 늦어져서 이제야 창고에 물건을 넣고 있다고 둘러댔고 경찰은 그 말을 믿었다!

041 미술품 감정사가 산 그림은 아무 가치가 없었다. 그러나 그림이 끼워져 있던 액자는 충분히 재활용할 만했다.

042 빌과 테드는 서로 이웃에 살고 있다. 테드는 닭을 키우고 있었는데 이 닭들이 허물어진 담장을 통해 빌의 집 앞마당까지 들어와서 마당을 엉망으로 파헤쳐놓은 것이다. 화가 난 빌은 테드에게 "닭이 알까지 낳고 가서 덕분에 잘 먹었어요"라고 감

사 인사를 했다. 물론 닭이 알을 낳고 갔다는 것은 테드를 속이기 위한 거짓말이었다. 빌이 감사 인사를 하자마자 욕심 많은 테드는 닭이 옆집으로 넘어가지 못하도록 즉시 담장을 고쳐놓았다.

043 우리 동네에서는 매주 월요일 아침에 집 앞에 쓰레기를 내놓아야 한다. 그런데 쓰레기를 내다놓는 것을 2주 연속 깜박한 것이다. 월요일 아침 출근길에 다른 집들이 쓰레기를 내놓은 것을 보고서야 이 사실을 알아차렸고, 집에 쌓여 있는 쓰레기를 생각하니 짜증이 날 수밖에 없다.

044 속도위반으로 주의를 받은 여성은 경찰서장의 아내였다. 그녀는 남편의 직위를 이용해 특혜를 받았다는 의혹을 받고 싶지 않았기 때문에 벌금을 자청했다.

045 처칠은 집사에게 자신이 아끼는 시가를 주면서 "이것을 입에 물고 말하면 내가 없다는 말을 믿을 것"이라고 했다.

046 조종사는 현재의 위치에서 지구의 정반대편에 놓인 지점까지 비행할 계획이었다. 지구는 구형이므로 두 지점을 연결하는 경로는 수없이 많다. 어디로 가나 비행 시간은 동일하기 때문에 조종사는 남자의 목적지를 지나가는 경로를 택해 비행할 생각이었다.

047 남자는 바닥에 니스를 칠하면서 환기를 시키려고 현관문을 열어두었다. 현관부터 시작해서 조금씩 뒤로 걸으며 부엌까지 왔을 무렵 초인종이 울렸다. 칠이 마르기도 전에 사람이 들어오면 큰일이었기에 뒷문을 통해 재빨리 현관 쪽으로 달려간 것이다.

048 스카프에 목이 졸려 숨진 채 발견된 무용수는 바로 이사도라 덩컨(Isadora Duncan)이다. 그녀는 긴 스카프를 두르고 스포츠카에 올랐다가 스카프 자락이 자동차 바퀴에 말려들어가는 바람에 질식사하고 말았다.

049 이들은 프랑스의 한 대학원에서 심리학을 전공하는 학생들로, 외국인에 대한 선호도를 알아보는 실험을 하고 있었다. 학생들은 선호도가 가장 높은 국가의 표지판을 붙였을 때 가장 오랫동안 기다려줄 것이라고 가정했고, 이 가설을 확인하기 위해 독일, 영국, 이탈리아, 스페인 국적을 나타내는 스티커와 번호판을 번갈아 달고 파리 시내 한복판을 돌아다녔다. 이들은 매번 각기 다른 표지판을 달고 신호가 바뀌기를 기다렸고, 뒤에 오는 프랑스인이 경적을 울리기까지 걸리는 시간을 기록했다.

050 여자는 장애가 있어 외출이 자유롭지 못한 남편을 위해 책을 빌려다 주었다. 그런데 책을 좋아하는 남편이 워낙 많은 책을 읽다 보니 어떤 책을 빌렸는지 전부 기억할 수가 없었다. 그래서 두 사람은 서로 알아볼 수 있도록 빌렸던 책의 특정 페이지 아래에 표시를 하기로 했다. 그 뒤로 여자는 도서관에서 책

을 고르다가 이미 읽은 책이거나 재미없다는 표시가 되어 있는지를 확인하고 싶을 때면 78쪽을 펼쳐 봤다.

051 남자는 양봉업을 하는 사람이었다. 그는 여왕벌을 차에 실어 다른 곳으로 옮기는 중이었고, 여왕벌을 따라오는 벌들까지 함께 데려가기 위해 벌들의 비행 속도에 맞춰 서행운전을 할 수밖에 없었다.

052 죽은 사람은 마약 밀수죄로 체포되어 말레이시아 감옥에서 사형당한 죄수였다. 그의 죽음에 기뻐한 사람은 죄수의 사형 예정일에 맞춰 신장을 기증받기로 한 환자였다. 이 환자는 홍콩에 있는 병원에서 받을 신장이식 수술 날짜를 손꼽아 기다린 것이다.

053 직선도로 구간은 전시나 비상사태에 필요한 항공기의 이착륙을 위해 설계되었다.

054 여자는 아파트에 살고 있으며, 바로 옆방은 남의 집이었다. 전화벨이 울린 방에 살고 있는 신경외과 의사는 때마침 외출 중이었다. 벨소리는 들었지만 남의 집 전화를 받을 수는 없는 노릇이다.

055 소련의 신문기사가 정확한 사실을 보도하긴 했으나 그 표현은 다음과 같다. '미국은 최하위 등수와 한 등수 차이로 들어왔으며 소련은 2위로 들어왔다.'

056 남자는 콩코드기를 운전하는 조종사였다. 해가 지자마자 서쪽으로 비행을 시작한 조종사는 태양이 움직이는 속도보다 빨리 날아간 덕분에 그의 앞에서, 즉 서쪽에서 해가 떠오르는 모습을 볼 수 있었다. 물론 실제로는 해가 지고 있었지만 콩코드기의 속도가 워낙 빠르다 보니 떠오르는 것처럼 보였던 것이다.

057 집주인은 바로 토마스 에디슨이었다. 에디슨은 문을 열 때마다 옥상에 있는 물탱크에 물 40리터가 채워지도록 설계해두었다. 문을 열고 들어온 손님들은 자신도 모르게 남의 집 물탱크에 물을 길어다준 것이다.

058 남자는 회사 건물에 있는 엘리베이터에 타고 있었다. 그런데 문이 열리면서 복도에 서 있던 중역과 눈이 마주쳤고, 그에게 90도로 인사하는 순간 엘리베이터 문이 닫히면서 머리가 낀 것이다.

059 산에서 죽은 남자는 그날 오전에 스쿠버다이빙을 했다. 그런데 몸이 회복되기도 전에 높은 산에 오르는 바람에 온몸에 벤즈(관절이나 복부에 통증이 오는 잠수병의 증상)가 온 것이다. 스쿠버다이빙을 하면 높은 압력으로 인해 질소가 혈관 속으로 녹아들어간다. 남자가 그 상태로 높은 산에 오르자 갑자기 낮아진 압력 때문에 혈관 속의 질소가 빠져나오기도 전에 기포가 되어 혈관을 막은 것이다. 결국 남자는 극심한 고통 속에서 죽어갔다.

060 남자는 자신의 개를 데리고 들판 근처에 있는 호수에서 몰래 다이너마이트 낚시를 하고 있었다. 그런데 사냥한 짐승을 찾아오는 습성 때문인지 옆에 있던 리트리버가 남자가 던진 다이너마이트를 쫓아가서 다시 물어오는 것이 아닌가. 남자는 자신에게 다가오는 개를 피하기 위해 필사적으로 달렸지만 결국 개와 함께 들판 한가운데에서 최후를 맞이했다.

061 정답은 죽어 있는 지네다! 100피트는 높이가 아니라 말 그대로 발의 개수를 뜻한 것이다. 높이 단위로 쓰이는 '피트'(feet)와 '발'을 뜻하는 영어 단어 'feet'는 동음이의어다.

062 남자는 운전면허를 따기 위해 연습하는 중이었고, 동승한 여자는 남자의 어머니였다. 면허가 없는 사람은 사유지를 벗어난 도로에서는 운전할 수 없기 때문에 남자는 집 앞 큰길에서만 운전할 수 있었다. 사유지가 아닌 일반 도로에 다다르면 아들이 연습을 계속할 수 있도록 어머니가 차를 돌려준 것이다.

063 다행스럽게도 남자에게 쓸 만한 도구가 하나 있었다. 그는 자신의 주머니에 있던 주머니칼을 꺼내서 굴뚝 꼭대기에 있는 벽돌 하나를 들어냈다. 그 벽돌을 망치 삼아 굴뚝의 벽돌을 하나씩 깨면서 굴뚝의 높이를 조금씩 낮췄고, 한참 뒤 마침내 바닥에 내려올 수 있었다.

064 이 사건의 배경은 프랑스 혁명 시절이다. 여자의 아버지는 단두대에서 처형당했으며 아버지를 처형한 사람은 커다란 도끼를 휘두르는 복면의 사나이였다. 이 장면을 지켜본 여자는 낮

선 사람의 집에 있는 화장실에서 그 도끼를 본 순간 집주인이 그때의 사형집행인임을 간파하고 그에게 복수를 한 것이다. 도끼를 화장실에 보관하지 않았더라면 좋았을 것을.

065 남자는 세차를 하기 위해 물을 가져왔지만 그새 누군가가 차를 훔쳐간 것이다.

066 남자는 작은 운석에 맞았고, 이것이 남자의 머리를 관통했다. 정말 운도 없는 사람이다.

067 이 문제는 영화 〈언터처블〉의 내용을 바탕으로 구성한 것이다. 경찰과 갱단 사이에 한바탕 총격전이 벌어졌고, 경찰은 갱단 중 한 명을 인질로 잡아 관련 정보를 캐내려 했다. 그가 순순히 입을 열지 않자 경찰 한 사람이 밖으로 나갔다. 그리고 여기에서부터 모든 연극이 시작되었다. 경찰은 이미 죽어 있는 사람을 창가에 세워두고 마치 그를 협박하다가 총을 쏘는 것처럼 연기를 했던 것이다. 안에서 이 모습을 지켜보던 인질은 자기도 죽을지 모른다는 생각에 마침내 입을 열었다.

068 가정부는 주인집의 파티가 끝난 다음이면 꼭 빈 병을 챙겨 갔는데, 모두 값비싼 샴페인 병이었다. 이 병을 자기 집 쓰레기통에 버리면 오다가다 그 병을 보는 사람들이 잘사는 집이라고 생각할 것 같았기 때문이다.

069 알폰소 13세는 대단한 음치였다. 이 신하는 여러 음악이 연주되는 공식 석상에서 국가가 흘러나오는 때에 맞춰 왕이 일어

날 수 있도록 신호를 보내는 일을 했다.

070 우회도로를 만들자마자 길 건너편 마을 사람들의 편의를 위해 우회도로 위로 육교를 놓았다. 덕분에 시장이 가까워져서 좋았지만 육교를 너무 낮게 만든 탓에 대형 트럭이 우회도로를 통과하지 못했다. 결국 우회도로를 만든 보람도 없이 트럭은 다시 중앙도로를 이용할 수밖에 없었다.

071 제임스는 20년 동안 아예 운전을 하지 않았다.

072 두 남자는 서로 경쟁 관계에 있는 갱단의 일원이었다. 두 사람이 만났을 때 한 남자가 먼저 칼을 휘둘렀고, 배를 찔린 남자는 고통 속에서 천천히 죽어가는 대신 차라리 권총을 쏴서 고통을 덜기로 한 것이다. 검찰은 그가 스스로 총을 쏘지 않았어도 사망했을 것이라는 증거를 제시했고, 칼을 찌른 남자는 살인죄로 유죄 판결을 받았다.

073 스페인 병사들은 되도록이면 이제 막 새끼를 낳은 노새를 타고 갔다. 새끼를 두고 온 어미 노새는 아무리 먼 길을 떠나도 새끼가 있는 곳으로 돌아오는 길을 찾기 때문이다.

074 폴은 어떻게 하면 좋을지 골똘히 생각하며 담배를 피웠고, 불이 꺼지기 전에 담배꽁초를 봉투 위에 버렸다. 그러자 담뱃불이 붙은 종이봉투가 깨끗이 타서 없어졌다.

075 해당 구간을 조사할 때 오류가 생긴 것이다. 접경 지역을 시찰하기 위해 사우스다코타의 서쪽 지역에서 두 팀을 파견했다. 한 팀은 북쪽에서 시작해 남부로 내려갔고 다른 한 팀은 남쪽에서 시작해 북부로 올라갔다. 두 팀은 중간에서 만나기로 했지만 그만 서로 길이 어긋난 것이다. 결국 재조사에 따르는 시간과 비용을 고려할 때 그냥 구불구불한 경계선을 유지하는 편이 낫다고 판단하여 오늘날의 모습이 되었다.

076 도둑은 임산부로 가장한 여성이었다. 부른 배를 연출할 물건이 필요해서 매번 더 큰 물건을 훔친 것이다. 도둑질을 그만둔 것은 '출산예정일'이 지났기 때문이다.

077 이 지역에는 나이아가라 폭포가 있다. 폭포수를 끌어와서 발전기를 돌리면 지금보다 많은 전기를 생산할 수 있어서 전기요금을 대폭 인하할 수도 있다. 그러나 나이아가라 폭포를 찾는 관광객이 워낙 많다 보니 수로를 변경하지 않는 대신에 주민들이 비싼 전기요금을 감수하고 있는 것이다.

078 아내는 그동안 저축한 돈으로 스포츠카를 사서 남편에게 결혼기념일 선물로 줄 생각이었다. 출고된 차를 영업사원이 집으로 몰고 왔고 아내는 거실에서 영업사원이 들고 온 서류를 작성하던 참이었다. 그런데 마침 이때 시멘트 트럭을 운전하는 남편이 집으로 돌아왔다. 밖에서 아내와 함께 있는 영업사원의 모습을 본 남편은 둘 사이를 오해하게 되었다. 그리고 밖에 세워둔 스포츠카가 영업사원의 차라고 생각해 홧김에 트럭 안에 있던 시멘트를 스포츠카에 부어버렸다.

079 새로 산 신발은 합성소재로 만들어진 신발이어서 카펫이 깔려 있는 사무실 바닥을 걸을 때면 정전기가 심하게 일어났다. 남자는 점점 심해지는 정전기 때문에 하루 종일 깜짝깜짝 놀라며 불편을 겪었다. 결국 새로 산 신발을 환불받고 다시 예전에 신던 가죽 구두를 신을 수밖에 없었다.

080 이 여성은 건물에 있는 모든 엘리베이터를 청소하라는 말을 듣고 모든 층을 다니면서 엘리베이터를 청소했다. 같은 엘리베이터를 수십 번씩 청소했으니 얼마나 힘들었겠는가.

081 정답은 비행기의 프로펠러다. 회전하고 있는 비행기 프로펠러는 움직임이 너무 빨라서 바로 앞에서 봐도 보이지 않는다.

082 모나코 몬테카를로에서 열린 자동차 경주 때 있었던 일이다. 경기 시작 전에 비가 내리는 바람에 비에 젖지 않은 터널 구간도 동일한 조건으로 만들기 위해 소방차가 동원되어 길을 적셨다.

083 처음에는 간판을 바꿀까도 했지만 간판에 있는 숫자와 종의 개수가 다르다는 것을 구경하러 오는 손님들이 늘기 시작하자 가게 주인은 간판을 그대로 두기로 했다. 지금은 잘못된 간판 덕분에 오히려 장사가 더 잘되고 있다.

084 남자는 앵무새 경매에 참가했다. 공교롭게도 사람의 말을 완벽하게 따라 하는 앵무새 때문에 남자는 경쟁자가 있는 줄 알고 계속해서 값을 올려 불렀다.

085 이 문제는 어떤 사기꾼의 실화다. 기계를 만든 남자는 또 다른 사기꾼에게 자신의 기계를 팔아넘겼다. 남자는 상대방이 보는 앞에서 기계 한쪽에 초록색 종이를 집어넣고는 반대쪽에서 위조지폐가 나오는 모습을 보여주었다. 그러나 맨 처음 집어넣은 초록색 종이는 진짜 지폐 위에 초록색을 진하게 덧칠한 것이었고, 기계 속을 지나면서 덧칠이 벗겨지게 만들었던 것이다.

086 이 사건은 아돌프 히틀러가 독일 제국의 총통이 되기 이전인 제1차 세계대전 당시에 독일군 일병으로 참전했을 때의 일이다. 영국 병사는 부상을 입고 쓰러진 사람에게 총을 겨누는 것은 비겁한 짓이라고 생각했다. 그 덕분에 적군이었던 히틀러는 목숨을 건질 수 있었다.

087 식사 중에 소금이 필요한 수녀는 소금과 가까이 있는 수녀에게 자기 앞의 머스터드를 가리키며 "혹시 머스터드 필요하세요?"라고 먼저 묻는다. 그러면 질문을 받은 수녀가 "아니요, 하지만 수녀님은 소금이 필요하시죠?"라고 되묻기로 했다. 소금이 필요했던 수녀는 "예"라고 대답하기만 하면 된다.

088 이것은 1996년 애틀랜타 올림픽 당시에 실제로 일어난 일이다. 텔레비전에서 볼 때 경기장의 잔디가 좀 더 푸르게 보이도록 하기 위해 잔디에 천연페인트를 뿌린 것이다.

089 원래의 경주는 세 바퀴를 뛰어 우승자를 가리는 방식이었다. 마침 이날은 안개가 심해서 한 치 앞도 확인하기 어려웠고, 이

것을 노린 기수는 경기장 가장 안쪽에 서서 다른 말들이 돌아오기를 기다렸다. 그리고 마지막 한 바퀴를 남긴 상태에서 다른 말들이 지쳐갈 때 경기에 합류해 보란듯이 1등으로 결승선을 통과했다. 기수가 비밀을 털어놓지 않았더라면 우승의 비밀은 영원히 안개 속에 묻혔을지도 모를 일이다.

090 은행 강도가 건넨 메모는 편지봉투의 뒷면에 씌어 있었고, 봉투 앞면에는 범인의 이름과 집주소가 적혀 있었다. 범인은 어리석게도 자신이 사용하던 봉투에 메시지를 적은 것이다.

091 두 남자가 표류한 곳은 아마존 강의 하구와 대서양이 만나는 지역이었다. 아마존 강이 범람하면 강 하구로부터 수백 킬로미터에 이르는 곳까지 담수가 흘러가는데, 때마침 범람한 아마존 강이 두 남자가 있는 곳까지 흘러간 것이다.

092 복권에 당첨되려면 종이에 적힌 숫자 45개 중에서 6개를 골라 표시해야 한다. 내가 갖고 있는 종이에는 모든 숫자가 다 표시되어 있으므로 그중에서 6개는 틀림없이 당첨 번호가 될 것이다. 하지만 당첨 번호가 모두 적혀 있다고 해서 내가 그 숫자를 모두 고를 수 있는 것은 아니다.

093 후디니는 도전을 받아들이기 전에 금고 제조업자에게 도전의 난도를 더 높이고 싶다면서 금고가 안쪽에서 잠기게 하자고 제안했다. 그러나 후디니의 예상대로 금고를 안에서 여는 것이 바깥에서 여는 것보다 훨씬 쉬웠다.

094 사건이 일어난 때는 중세 시대였다. 남자는 상인들의 물건을 훔친 뒤 교회로 도망쳐 들어와서 보호를 요청했다. 교회의 보호를 받는 사람은 체포할 수 없다는 점을 이용한 것이다. 도둑은 자신을 쫓던 사람들이 기다리다 지쳐 돌아가면 그때 달아날 생각이었다.

095 정답은 《기네스북》이다. 《기네스북》은 출간된 지 19년 만에 '세상에서 두 번째로 많이 팔린 책'이라는 기록에 자신의 이름을 올렸다. 불변의 1위는 성경이다.

096 남자가 레이싱 경기장에서 올렸다는 큰 건은 바로 소매치기였다. 그는 레이싱 경기장에서 소매치기를 했고, 과속으로 경찰에게 붙잡혔을 때도 경찰의 수첩을 슬쩍했다. 경찰관이 경찰서로 돌아갔을 때는 이미 모든 기록을 잃어버린 뒤였다. 경찰관은 수첩에 적은 내용을 따로 외우지 않았기 때문에 남자를 기소할 방법이 없었다.

097 여기서 복서는 권투선수가 아닌 개를 말한 것이다. '복서'(boxer)는 권투선수 외에도, 견종의 종류를 가리키는 말이기도 하다. 복서는 도그쇼(개 품평회)에 출전해 챔피언십을 따냈고, 상금은 트레이너가 받았다.

098 남자는 거리에 있는 자동판매기 안의 동전을 훔친 혐의로 체포되었다. 그런데 보석금을 모두 동전으로만 내는 바람에 스스로 범죄의 증거를 제출한 셈이 되고 말았다.

099 남자는 정상적으로 움직이는 한쪽 눈을 깜박여서 자신의 의사를 전달했고, 한 사람이 눈의 깜박임을 보고 그의 말을 대신 받아 적었다. 이 이야기의 주인공은 장 도미니크 보비(Jean-Dominique Bauby)라는 프랑스 남성이며, 눈을 깜박여서 쓴 책 《잠수종과 나비》는 보비가 죽기 직전인 1996년에 출간되어 베스트셀러가 되었다.

100 랍과 빌은 텔레비전 수사극에 출연하는 배우였다. 그런데 누군가가 빌에게 앙심을 품고 랍이 사용할 총에 진짜 총알을 장전해놓은 것이다. 랍은 이 사실을 전혀 모른 채 연기를 위해 방아쇠를 당겼다.

101 남자가 간 곳은 상가에 있는 안과였다. 의사는 남자의 진료카드를 보고 오늘이 그의 생일임을 알았다.

102 두 남자는 레스토랑의 창가 자리에 앉아 이야기를 나누고 있었다. 그러던 중 한 남자가 지나가는 여자를 가리키며 "저 여자는 보나마나 정상적인 직장에서 일하지는 않을 것 같군" 하고 말했다. 그런데 잠시 후 여자가 레스토랑 문을 박차고 들어오더니 두 남자를 향해 이렇게 말했다.
"제 직업은 독순술사(입술 모양을 읽는 사람)라고요."

103 아내의 시체는 완전히 사라졌지만 입 속에 있던 플라스틱 치아가 녹지 않고 남아 있었다.(플라스틱은 염산에 녹지 않는다)

104 이 회사의 컴퓨터 데이터베이스 시스템은 고객의 정보를 기록할 때 반드시 생년월일을 적도록 되어 있었다. 하지만 고객의 생년월일을 모르는 경우가 많다 보니 데이터베이스의 공란을 채워야 하는 직원이 어쩔 수 없이 11/11/11이라고 입력해버린 것이다.

105 잘 곳이 없던 남자는 쓰레기통의 쓰레기를 비워내고 그 안에서 자고 있었다. 도중에라도 잠에서 깼으면 좋았으련만 그만 쓰레기 압축기까지 실려가버린 것이다.

106 고대의 전쟁은 육탄전이었다. 턱수염을 기른 병사가 적군과 맞붙어 싸우다가 수염을 잡히기라도 하면 싸움에서 불리해질 수밖에 없다.

107 동물 보호 운동가는 살아 있는 가재를 요리해주는 식당으로 가서 아직 죽지 않은 가재를 모두 사왔다. 그러나 바닷물에서만 살던 가재를 강물에 풀어주는 바람에 가재가 전부 죽고 말았다.

108 알렉스 퍼거슨 감독은 경기 내내 쉴 새 없이 껌을 씹는다. 껌을 씹는 행위는 물론 판매조차 금지하는 싱가포르에서는 상상도 할 수 없는 일이다. 싱가포르에서는 의사에게 처방받은 금연껌 외에는 껌을 씹을 수 없고, 파는 것 또한 불법이다.

109 존은 개호루라기를 입에 물고 있었다. 그가 개호루라기를 세 번 불자 옆방에 있던 애견 제임스가 그 소리를 듣고 달려온

것이다. 개호루라기 소리는 주파수가 높아서 사람에게는 들리지 않지만 개에게는 잘 들린다.

110 남자는 휴가차 스쿠버다이빙을 즐기러 왔다가 안경을 망가뜨렸다. 심각한 근시라서 안경이 필요했던 남자는 도수 있는 렌즈가 들어간 잠수용 물안경이라도 낄 수밖에 없었다.

111 회사 측은 여러 경쟁사에 존의 승진 소식을 알렸다. 덕분에 존은 높은 연봉을 제시한 경쟁 업체로부터 스카우트 제의를 받고 회사를 옮겼다. 하지만 회사가 노린 것은 바로 존의 이직이었다. 존을 해고하고 해고 위로금을 주자니 회사의 손실이 컸고, 때마침 경쟁사에서는 이 회사의 핵심 인재를 데려가려고 혈안이 되어 있었다. 이번 기회에 해고 1순위 직원도 정리하고 경쟁 업체의 경쟁력도 떨어뜨리겠다는 회사의 작전은 완벽하게 성공했다.

112 남자는 무심코 잘못 먹은 음식 때문에 심한 알레르기를 일으켰는데 하필이면 운전 중에 발작이 일어났다. 남자는 경찰을 보자마자 급히 차를 세웠지만 말을 할 수가 없었다. 다행스럽게도 남자의 손목에 채워진 알레르기 환자용 팔찌를 본 경찰이 구급차를 불러주었다.

113 골프공이 떨어진 자리는 작은 웅덩이였다. 간밤에 몹시 추워서 웅덩이가 얼어붙었는데, 원래부터 있던 공은 웅덩이 속에 들어가 있었고 골퍼의 공은 얼음 위에 떨어져 있었다.

114 10년형을 선고받은 불행한 사나이는 제1차 세계대전에 참전한 아우구스트 야거(August Jager)라는 독일인이다. 그가 반역죄로 재판에 회부되어 10년형을 선고받은 것은 전쟁이 끝나고 한참 뒤인 1932년이었다. 그는 독일군이 독가스를 사용하기 직전인 1915년에 군에서 탈영해 프랑스군에게 붙잡혔다. 프랑스 군인들은 야거가 쓰고 있는 방독면이 무엇인지 물었고, 그는 독일군이 독가스를 사용할 거라는 사실을 말했다. 당시 프랑스군은 이러한 정보를 무시하고 아무런 대처 방안 없이 전쟁을 계속하다가 많은 인명 피해를 입었다. 훗날 프랑스의 페리 장군이 이 사실을 자신의 회고록에 썼는데, 이 내용을 독일의 재판부가 확인한 것이다. 회고록이 발간된 것은 1930년의 일이었지만 독일 법정은 국가 기밀인 방독면을 쓰고 있었다는 사실을 근거로 야거에게 유죄 판결을 내렸다.

115 태양계에서 가장 큰 사화산으로 알려진 이 산은 화성에 있는 산인 '올림포스 몬스'다.

116 몇 해 전에 고장난 비행기가 비행 중에 연료를 쏟았는데, 그 뒤로 그 자리에 아무것도 나지 않았다.

117 전쟁 중의 프랑스에서 프랑스 여자가 독일 장교와 사랑에 빠진 것이다. 전쟁이 끝나고 독일군이 물러가자 여자는 독일군에 협조했다는 죄목으로 머리를 깎였다.

118 제럴드는 사람이 아닌 기린이었다. 기린의 정상 혈압은 건강한 일반인의 혈압보다 약 세 배가량 높다. 그도 그럴 것이 기

다란 목까지 혈액이 돌려면 그 정도 혈압은 되어야 할 것이다.

119 폭격기 역시 폭탄과 마찬가지로 자유낙하를 하고 있었다.

120 아내는 체스를 좋아하는 남편에게 체스를 둘 때 시간을 잴 수 있는 체스시계를 선물했다. 체스시계는 일반 시계와 달리 하나의 케이스 안에 똑같이 생긴 시계가 두 개 들어 있어, 두 명이 경기 시간을 공정하게 쓰는 데 유용하다. 이제 남편은 체스 시합 중에 간편하게 시간을 잴 수 있게 되었다.

121 경찰은 납치범이 보낸 편지에 붙어 있는 우표를 조사했다. 납치범은 우표를 붙일 때 침을 사용하는 실수를 저지른 것이다. 우표 뒷면에서 타액을 채취해 DNA를 확인하자 범인이 밝혀졌다.

122 과학 저널의 기재 오류로 탄생한 만화 주인공은 바로 '뽀빠이'다. 시금치를 먹으면 힘이 세지는 뽀빠이는 시금치가 다량의 철분을 함유하고 있다는 과학 저널의 내용을 토대로 만들어졌다. 그러나 이 자료에는 오류가 있었으니, 시금치의 철분 함량을 표시할 때 소수점을 잘못 찍는 바람에 실제 함량의 열 배로 기재되었다고 한다.

123 남자는 말을 더듬는 사람이었다. 그런데 그에게 질문한 사람도 말을 더듬는 것이 아닌가. 남자는 '내가 말을 더듬으면서 대답하면 자기를 따라 하는 줄 알고 기분 나빠할지도 모른다'

는 생각이 들어서 차마 입을 열 수 없었다.

124 여든일곱의 나이에 영화에 출연한 이 노파는 지금은 사라지고 없는 언어를 구사할 수 있는 유일한 생존자였다. 실존 인물인 언어학자 데이비드 돌비(David Dalby) 박사는 아프리카 부족의 언어 중 하나인 비키아어를 기록으로 남기기 위해 노파가 이야기하는 모습을 영화로 찍었다.

125 피아노 조율사였던 남자는 레스토랑에 있는 피아노를 조율해 준 뒤 그 대가로 공짜 점심을 먹었다. 남자가 사용한 나머지 포크 하나는 포크처럼 생긴 소리굽쇠(조율할 때 사용하는 도구)였다.

126 남자의 차를 망가뜨린 것은 희귀한 운석이었다. 이 남자는 차 옆에 떨어져 있던 운석을 박물관에 팔아서 10억 원이 넘는 돈을 챙길 수 있었다.

127 젊은 커플은 아기를 데리고 극장에 왔다. 극장 매니저는 아기가 울음을 터뜨리면 바로 극장에서 나오는 조건으로 커플을 들여보냈고, 이 경우 관람료를 전액 환불해주기로 약속했다. 그런데 영화가 시작하고 15분쯤 지나자 영화가 재미없다고 생각한 이 커플은 극장을 나가기로 한 것이다. 그들은 환불을 받기 위해 울지도 않는 아기를 꼬집어서 울린 뒤에 영화 관람료까지 받아내고 유유히 극장을 떠났다.

128 트럭의 브레이크가 고장난 상태인데도 운전사는 차를 끌고 가는 것보다는 운전해서 가길 원했다. 결국 트럭 운전사는 견인차를 뒤에 걸고 운전을 계속한 것이다. 속도를 줄이고 싶을 때 트럭 운전사는 뒤에 오는 견인차에게 신호를 보냈고, 견인차가 뒤에서 브레이크를 밟으면 앞의 트럭도 견인차에 끌려 멈춰 섰다.

129 남자는 사해에서 요트를 탔다. 사해는 이스라엘과 요르단 사이에 있는 바다로, 염도가 매우 높아서 누구라도 쉽게 떠 있을 수 있다.

130 제한 속도를 넘겨서 운전하던 남자가 멈춰 선 곳은 공교롭게도 국경을 넘어선 곳이었다. 남자가 과속하는 장면을 보고 경찰이 쫓아왔지만 자신의 관할구역을 벗어난 상태라서 어떤 법적 조치도 취할 수가 없었다. 앞에 서 있던 경찰 역시 남자의 과속을 지켜보고 있었지만 자신의 관할구역 밖에서 일어난 일인지라 그를 체포할 수 없었다.

131 남자는 달 표면에 착륙한 우주비행사였다. 만리장성은 달에서도 보인다고 한다.

132 기장은 아이의 엄마였다. 모든 조종사가 남자라는 편견을 버리면 쉽게 맞힐 수 있다.

133 상당수의 일본 수출업자들은 공장 부지를 '우사'라는 작은 마을로 옮긴 뒤 원산지 표기란에 영어 대문자로 다음과 같이 표

기했다. 'MADE IN USA'

134 골퍼의 공이 들어간 곳은 다른 경기장이었다. 골퍼의 티샷이 18번 홀에 들어가기는 했지만 그것은 근처에 있던 다른 코스의 홀이었기 때문에 홀인원으로 인정되지 않았다.

135 제자리로 돌아오는 이유는 보폭의 차이 때문이다. 사람들은 양다리의 보폭이 같다고 생각하지만 대부분의 경우 서로 다른 보폭을 갖고 있다. 때문에 직선 방향으로 오랫동안 걷다 보면 보폭의 차이로 인해 직선이 아닌 커다란 원형을 그리게 된다. 예를 들어 시계 방향으로 트랙을 도는 육상 선수들은 대개 오른쪽 보폭이 왼쪽 보폭보다 넓다고 한다.

136 남자는 유명 레스토랑에서 근무하는 까또지엠이다. 까또지엠은 레스토랑을 찾은 손님 중 13명으로 구성된 모임에 초청되어 14명을 만들어주는 사람이다. 프랑스 사람들은 저녁식사 자리에 13명이 모이는 것을 꺼리기 때문에 인원수를 바꿔주는 일을 하는 까또지엠이 필요한 것이다.

137 모기를 쫓는 주파수는 사람이 들을 수 있는 주파수 범위를 벗어난 고주파수였다. 그런데 공교롭게도 모기뿐만이 아니라 집에서 키우는 강아지와 고양이도 이 소리를 들을 수 있었던 것이다. 결국 라디오만 틀면 강아지가 달아나버린다며 방송을 중단해달라는 항의가 빗발치게 되었다.

138 정답은 문제에 있다. 문제에서는 남자가 '눈이 보이지 않는다'고 했는데, 한쪽 눈은 보이지 않았지만 다른 한쪽 눈은 정상적으로 볼 수 있었다. 자두나무 열매는 모두 두 개였고 남자는 한 개를 땄다. 그러므로 '열매를 몽땅 따 가지도 않았지만 그대로 남겨두지도 않은' 것이다.

139 남편이 자살한 것은 3년 전의 일이며 아내는 남편의 유골을 유골함에 담아 보관하고 있었다. 그런데 그만 고양이가 유골함을 넘어뜨리는 바람에 거실 바닥에 재가 쏟아진 것이다. 아내는 커피를 한 잔 마신 뒤 쏟아진 재를 다시 쓸어 담았다.

140 시에서는 전구 소켓의 나선 방향을 반시계 방향으로 바꿨다. 대부분의 전구는 시계 방향의 나선이라서 왼쪽으로 돌리면 풀리는 데 반해 지하철의 전구는 오른쪽으로 돌려야만 풀리도록 디자인을 바꾼 것이다. 이제는 도둑이 전구를 빼 가기 위해 왼쪽으로 돌릴 때마다 전구는 더 세게 조여질 것이다.

141 돌아온 운전자는 졸음에 빠진 경쟁자를 보자마자 그의 차를 덮쳐버렸다. 경쟁할 사람이 없어져 더 이상 사막에서 버틸 필요가 없었기에 그 즉시 돌아온 것이다.

142 가구 회사에서 만든 것은 새 주택부지에 들어설 모델하우스용 가구였다. 가구를 작게 만든 이유는 가구가 작으면 상대적으로 집이 커 보이기 때문이다.

143 개미는 단 것을 좋아해서 사람의 요당에도 반응을 보인다. 그래서 소변을 본 자리에 개미가 모여들면 당뇨병으로 진단했다고 한다.

144 사장은 그 자리에서 신입사원을 해고했다!

145 이 선수는 마라톤 경기에 참가하기 위해 단 하루의 외출을 허락받고 나온 죄수였다. 그러나 감옥으로 돌아가고 싶지 않았던 선수는 경기가 끝난 뒤에도 계속해서 달렸다.

146 존스는 자기 코스를 벗어난 곳에 서 있었다. 그런데 존스가 가야 할 홀과 다른 코스에 있는 홀이 상당히 가깝고 둘 다 공과 일직선상에 놓여 있어서 자칫 잘못하면 다른 코스의 홀에 공이 들어갈 수도 있는 상황이었다. 존스는 다른 코스의 홀을 넘어 자신의 코스로 돌아가기 위해 힘껏 공을 친 것이다.

147 종이에 적힌 방정식은 '9×9=81'이었다. 그러나 한 사람은 이것을 '9×9=81'로 생각한 반면, 마주 보고 있던 사람은 '18=6×6'으로 생각한 것이다.

148 만화가는 숨은 그림이 있는 만화를 그렸다. 공군은 조종사들에게 숨은그림찾기를 시켜서 위장한 목표물을 찾아내는 능력을 평가했다.

149 이 남자의 이름은 월트 디즈니다. 그는 쥐가 들어와서 샌드위치를 먹는 모습이 하도 재미있어서 매일 밤 음식을 남겨두고 갔다고 한다. 디즈니가 그 모습을 그림으로 표현해 미키 마우스가 탄생했고, 월트 디즈니는 디즈니 왕국을 세워 대부호가 되었다.

150 실비아 에스터의 세계 신기록이 인정받지 못한 이유는 그녀가 발가벗은 채로 수영을 했기 때문이다. 대회 심사위원들은 다른 선수들과 동일하지 않은 조건에서 나온 기록을 인정하지 않았다고 한다.

151 외판원이 방문한 집은 시내에서 멀리 떨어진 외진 곳이었다. 당황한 외판원이 뒤늦게 청소기 전원을 켜기 위해 콘센트를 찾아봤지만 이 집에는 아예 전기가 들어오지 않았다.

152 엔지니어는 연구에 참고하기 위해 둑을 만드는 비버의 모습을 관찰하고 있었다. 비버는 튼튼한 이빨로 나무를 갉아 쓰러뜨린 다음 흙과 돌로 둑을 만드는 습성이 있는 동물이다. 때마침 열심히 나무를 베던 비버가 쓰러뜨린 거목이 엔지니어의 머리 위로 쓰러진 것이다.

153 신문사 편집자는 오늘의 1면 기사로 존 존스의 재판 결과를 내보낼 생각으로 유죄 판결일 때 내보낼 기사와 무죄 판결일 때 내보낼 기사를 미리 써두고 재판 결과만을 기다리고 있었다. 두 종류의 신문은 이미 인쇄까지 마친 상태였기 때문에 존 존스에게 사형선고가 내려지자마자 판결에 맞는 기사를 실은

신문을 배포한 것이다.

154 스트립 쇼걸이었던 여자는 자신이 차버린 남자에게 총을 맞았다. 하지만 다행히도 가슴에 있던 실리콘 보형물 덕분에 총알이 심장을 관통하지 않아서 목숨을 건졌다.

155 죽은 줄 알았던 남자가 살아 돌아온다는 말에 모든 사람들이 출입구를 바라보며 문이 열리기를 기다리고 있었고, 법정에 설치된 비디오카메라가 이 장면을 찍고 있었다. 배심원단이 판결을 위해 비디오카메라를 확인한 결과, 유독 피고만이 문을 쳐다보지 않았다. 그는 남자가 돌아오지 못할 것임을 알고 있었던 것이다.

156 이 남자는 적녹 색맹이었다. 그래서 100달러짜리 지폐가 적색 잉크로 인쇄된 줄을 미처 몰랐으며, 자신이 신호 위반을 한 것도 몰랐다. 남자는 신호 위반으로 경찰에 적발되었다가 위조지폐를 만든 것까지 덜미가 잡힌 것이다.

157 남자는 다이아몬드 반지를 훔쳐 달아나려다가 경찰에 체포되기 직전에 반지를 삼켜버렸다. 그러나 의사는 엑스레이 사진을 통해 남자의 배 속에 있는 다이아몬드 반지를 확인했고, 증거를 확보한 덕분에 남자는 유죄 판결을 받았다. 반지는 얼마 지나지 않아 남자의 몸 밖으로 배출되었다.

158 부부의 열쇠를 맡아준 이웃은 정직하고 양심적인 사람들이었다. 부부가 휴가를 떠난 어느 날, 트럭 한 대가 옷장을 배달하

러 왔다면서 빈집의 문을 열어달라고 했다. 이웃집 사람은 직접 문을 열어주고 배달하는 것까지 확인한 뒤에 문을 잠갔다. 그런데 한 시간 뒤에 이 트럭이 다시 와서는 옷장을 잘못 배달해서 다시 가져가야 한다고 했다. 이웃집에서는 다시 문을 열어주었고 옷장을 가져가는 것까지 확인한 뒤에 문을 잠갔다. 바로 이 옷장 속에 사람이 숨어 있었던 것이다. 그는 빈집에 들어오자마자 옷장에 넣을 수 있는 귀중품을 모조리 훔쳐서 다시 옷장 속으로 가지고 들어갔고, 옷장을 회수하러 온 공범과 함께 유유히 빈집을 빠져나갔다.

159 여자를 독살한 사람은 그녀의 유산을 노린 조카였다. 조카는 아주머니가 좋아할 만한 고급 접시 세트를 특가에 판매한다는 가짜 우편물을 만들어서 아주머니에게 보냈다. 여자는 고급 접시 세트가 품절되기 전에 주문해야 한다는 가짜 팜플렛의 안내에 따라 곧바로 주문서를 작성해 동봉된 봉투에 넣고 습관대로 침을 발라 봉투를 붙였다. 여자의 습관을 잘 아는 조카는 서서히 퍼지는 독을 봉투에 묻혀두었던 것이다. 여자는 주문서를 우편으로 보낸 다음 날이 되어서야 죽었고, 조카가 범인이라는 증거는 어디에도 남지 않았다.

160 여자는 알랜 래드(Alan Ladd. 영화 〈쉐인〉의 주인공.)의 상대역을 맡은 여배우였다. 알랜 래드는 훌륭한 배우였지만 170센티미터도 안 되는 키가 문제였다. 상대 여배우는 남자 주인공보다 커 보이지 않도록 알랜 래드 옆에 파놓은 도랑에 들어가서 연기를 했다.

161 도둑은 박물관이 문을 닫을 때까지 기다렸다가 청소도구함 속으로 숨어 들어갔다. 사람들이 사라지자 도둑은 전기장을 향해 부메랑을 던졌고 돌아오는 부메랑을 받아서 다시 청소도구함 속으로 들어갔다. 경보가 울리자 보안요원들이 달려왔지만 전시실에는 아무도 보이지 않았다. 도둑은 이렇게 부메랑을 던져서 보안요원들이 여러 번 헛걸음을 하게 만들었다. 그러자 보안장치에 이상이 있다고 생각한 경비가 전기장을 아예 해제해버렸고, 이때를 노리던 도둑은 금제 화병을 모조품과 바꿔치기하는 데 성공했다.

162 이것은 한 강도 사건에서 있었던 실화다. 강도는 여자를 인질로 잡고 경찰과 대치하고 있는 상황이었다. 경찰이 인질을 구하려는 중에 총격전이 일어났고, 인질로 잡혀 있던 여자가 경찰의 총에 맞아 숨을 거두었다. 그러나 법원은 강도에게 살인죄로 유죄 판결을 내렸다.

163 우주왕복선이 발사될 때 나오는 분사가스 때문이다. 여객기는 이륙하면 지면에서 완전히 떨어지게 되어 번개를 맞아도 전기에 감전될 우려가 없지만, 우주왕복선은 발사되는 순간에 수직 방향으로 나오는 상당량의 분사가스가 계속 지표면과 닿아 있기 때문에 번개에 맞으면 그대로 접지되어 감전될 우려가 있다.

164 남자는 중국에서 기차를 타고 여행하던 중에 이런 일을 겪었다. 이곳은 궤간(철도 궤도의 두 쇠줄 사이의 너비)이 갑자기 넓어지는 구간이라서 더 이상 갈 수 없기 때문에 기차를 통째로

들어서 궤간이 맞는 선로로 옮겨야 했던 것이다. 궤간이 넓은 철로는 중요한 사적으로 보존되고 있다.

165 낯선 사람의 머리에 기름을 바르고 있는 사람은 소방관이었다. 소방관은 철로 난간에 머리가 낀 사람을 구출하기 위해 열심히 기름칠을 한 것이다.

166 주디는 편지를 룸메이트의 교과서에 꽂아두었다. 주디의 룸메이트는 남의 책상은 뒤져도 자신의 교과서는 읽지 않을 사람이기 때문이다.

167 남자는 최고급 시계를 장만해 북극으로 여행을 떠났다. 그러나 북극은 지구상의 모든 시간대가 만나는 곳이어서 정해진 시간대가 없다. 말하자면 어느 시간대에 맞춰도 맞는 시간인 것이다.

168 맨 앞에 앉아 있던 승객 중에 독사를 가방에 넣어서 몰래 가지고 들어온 사람이 있었다. 그런데 그만 독사가 가방에서 빠져나온 것이다.

169 도쿄에서는 차를 사기 전에 경찰이 주차 공간을 확인한다. 도쿄는 주차 공간이 부족하기 때문에 차를 세울 수 있는 창고나 주차장이 없는 사람은 차를 살 수 없도록 되어 있다.

170 지도상에 표시된 강, 도시, 숲.

171 이들은 보트 경기를 연습하기 위해 모인 사람들이다. 덩치 큰 사람들은 노를 젓고 작은 사람들은 타수(배의 키를 맡아보는 사람) 역할을 맡아 호흡을 맞추는 중이었다.

172 동상이 놓일 받침대 위에 먼저 커다란 얼음을 올린 다음 끈을 놓을 수 있도록 홈을 파두었다. 이렇게 하면 동상을 올린 뒤에 바로 끈을 제거하고 얼음이 녹기만을 기다리면 된다.

173 남자는 우표수집가였다. 우편요금은 30센트였지만 행사 기간에는 3센트짜리 우표만 붙이면 편지를 보낼 수 있었다. 그러나 남자는 여전히 30센트짜리 일반 우표를 사서 친척과 친구들, 심지어 자기 자신에게도 편지를 보냈다. 남자는 답장으로 받게 될 편지봉투에 3센트짜리 우표가 붙어서 올 테고, 시간이 지나면 이 우표가 붙은 봉투가 희귀해져서 높은 값을 받을 수 있을 것이라고 생각했기 때문이다. 이 우표의 희귀성을 높이기 위해서 정작 본인은 3센트짜리 우표를 붙이지 않았다.

174 남북전쟁이 한창이던 시절에 대포를 계속해서 발사하면 강수량이 증가한다는 사실을 발견했다. 구름층을 향해 대포를 발사하면 구름 속에 있던 수증기에 화약 가루가 달라붙어서 무거워진 물방울들이 아래로 떨어지기 때문이다.

175 엔지니어들은 가벼운 실을 연에 매달아 계곡 건너편으로 날려 보냈고, 반대편에서는 이렇게 건너간 실을 한데 모았다. 그런 다음 이 실에 줄을 매서 잡아당기고, 그다음에는 줄에 로프를, 로프에 다시 굵은 케이블을 연결해 잡아당겨서 현수교를

놓았다.

176 전쟁이 끝난 날에 개기일식이 일어났다는 기록을 보고 오늘날의 천문학자들이 개기일식이 일어난 때를 정확히 계산해낸 것이다. 리디아와 메디아의 군사들은 신이 노하셔서 해를 없앴다고 생각하고 그 즉시 전쟁을 멈추었다고 한다.

177 12명은 달 표면을 걸었던 사람들이다.

178 그들은 강 위를 걸어갔다. 한겨울 추위로 강이 꽁꽁 얼어붙은 것이다.

179 브루넬레스키는 책상 위에 날달걀을 댄 채 지그시 눌렀다. 그러자 달걀의 끝부분이 깨지면서 둥근 부분이 살짝 들어가는 바람에 그대로 책상 위에 서 있게 되었다. 달걀에 금이 가면 안 된다는 생각은 다른 경쟁자들의 선입견이었을 뿐이다.

180 사고를 당한 차는 영구차였고, 다리를 잘린 사람은 죽은 사람이었다.

181 남자는 밀입국을 하기 위해 쿠바에서부터 미국까지 윈드서핑을 하고 있었다.

182 남자는 심해 잠수부였다. 바다 깊은 곳에서 바위에 걸려 잠수복이 찢어진 것이다.

183 이곳은 볼리비아의 라파스(La Paz)다. 볼리비아 최대의 도시인 이곳은 해발고도가 3,300~4,100미터에 달하는 고지대에 위치하고 있어서 산소가 희박하고 불이 잘 붙지 않는다. 덕분에 화재가 발생할 일도 거의 없기 때문에 소방 방재 비용이 거의 들지 않는다.

184 남자는 식탁 의자를 고치려고 초강력 접착제를 바르다가 의자에 손이 붙고 말았다. 남자는 접착제가 발린 손을 떼어내기 위해 버스를 타고 병원에 가는 길이었다.

185 타이츠를 입고 쓰러져 있는 사나이는 슈퍼맨이고, 그 옆에 떨어져 있는 돌은 슈퍼맨의 생명을 위협하는 유일한 물질인 크립토나이트였다.

186 공군 제트기 조종사인 남자는 공중 충돌과 동시에 제트기에서 비상탈출을 해야 했다. 조종사는 비상탈출 의자를 작동해 탈출에 성공했지만, 시속 100킬로미터가 넘는 속도로 튕겨져 나오는 바람에 척추에 엄청난 압력을 받아서 키가 3센티미터나 준 것이다. 조종사는 병원 치료를 받으며 휴식을 취한 덕분에 원래의 키를 되찾았다.

187 남자는 '북극점이었던 곳'에 다녀왔다. 남자가 갔던 곳에는 빙하 위에 북극점이라는 표시가 되어 있었다. 남자는 북극점에 도달했다고 생각하고 있었지만, 빙하가 움직임에 따라 북극점의 위치가 다시 바뀐 것이다.

188 이 시험의 마지막 문제는 앞의 문제들을 풀지 말라는 내용이었다. 선생님은 학생들에게 시험 문제를 풀기 전에 문제부터 다 읽어보라고 알려줬지만 제리는 선생님의 이야기를 듣지 않았다. 이번 시험은 학생들이 시험 중의 지시 사항을 얼마나 잘 따르는지를 점검하는 시험이었다.

옮긴이 권태은

홍익대학교 금속재료공학과를 졸업하고 세종대학교 영문학과 대학원에서 번역학을 전공했다. 멘사코리아 회원이며, 현재 번역에이전시 엔터스코리아에서 수학 및 인문 분야 전문번역가로 활동하고 있다. 옮긴 책으로《멘사 공부법》《번역학 이론》《여성 수학자들》등이 있다.

본문 그림 조형석

《동물원에서 사라진 철학자》《수학 서핑》《배우기 쉬운 한국어》《말하기 쉬운 한국어》 등에 그림을 그렸으며, '북극성'이라는 필명으로 〈진보 정치〉〈이슈아이〉 등에 시사만화를 연재하고 있다.

멘사 추리 퍼즐 2
IQ 148을 위한

1판 1쇄 펴낸 날 2019년 2월 7일
1판 3쇄 펴낸 날 2023년 1월 25일

지은이 | 폴 슬론·데스 맥헤일
옮긴이 | 권태은
본문 그림 | 조형석
감　수 | 멘사코리아

펴낸이 | 박윤태
펴낸곳 | 보누스
등　록 | 2001년 8월 17일 제313-2002-179호
주　소 | 서울시 마포구 동교로12안길 31 보누스 4층
전　화 | 02-333-3114
팩　스 | 02-3143-3254
이메일 | bonus@bonusbook.co.kr

ISBN 978-89-6494-363-2 04410

* 이 책은《멘사 추리퍼즐 프리미어》의 개정판입니다.

• 책값은 뒤표지에 있습니다.

영국 아마존
베스트셀러
30만부
돌파!
과학 분야
베스트셀러
멘사코리아
감수

내 안에 잠든
천재성을 깨워라!

대한민국 2%를 위한
두뇌유희 퍼즐

IQ 148을 위한 멘사 오리지널 시리즈

멘사 논리 퍼즐
필립 카터 외 지음 | 250면

멘사 문제해결력 퍼즐
존 브렘너 지음 | 272면

멘사 사고력 퍼즐
켄 러셀 외 지음 | 240면

멘사 사고력 퍼즐 프리미어
존 브렘너 외 지음 | 228면

멘사 수학 퍼즐
해럴드 게일 지음 | 272면

멘사 수학 퍼즐 디스커버리
데이브 채턴 외 지음 | 224면

멘사 수학 퍼즐 프리미어
피터 그라바추크 지음 | 288면

멘사 시각 퍼즐
존 브렘너 외 지음 | 248면

멘사 아이큐 테스트
해럴드 게일 외 지음 | 260면

★★★ 멘사코리아 감수

멘사 아이큐 테스트 실전편
조세핀 풀턴 지음 | 344면

멘사 추리 퍼즐 1
데이브 채턴 외 지음 | 212면

멘사 추리 퍼즐 2
폴 슬론 외 지음 | 244면

멘사 추리 퍼즐 3
폴 슬론 외 지음 | 212면

멘사 추리 퍼즐 4
폴 슬론 외 지음 | 212면

멘사 탐구력 퍼즐
로버트 앨런 지음 | 252면

IQ 148을 위한 멘사 프리미엄 시리즈

★★★ 멘사코리아 감수

멘사퍼즐 논리게임
브리티시 멘사 지음 | 248면

멘사퍼즐 사고력게임
팀 데도풀로스 지음 | 248면

멘사퍼즐 아이큐게임
개러스 무어 지음 | 248면

멘사퍼즐 추론게임
그레이엄 존스 지음 | 248면

멘사퍼즐 두뇌게임
존 브렘너 지음 | 200면

멘사퍼즐 수학게임
로버트 앨런 지음 | 200면

멘사코리아 사고력 트레이닝
멘사코리아 퍼즐위원회 지음 | 244면

멘사코리아 수학 트레이닝
멘사코리아 퍼즐위원회 지음 | 240면

멘사코리아 논리 트레이닝
멘사코리아 퍼즐위원회 지음 | 240면